sten blinkt Sirius. Orion schickt sich an, unterzugehen, während Gemini, Taurus und die Mitglieder der Andromeda-Sage im Westen stehen. Im Osten steigt Bootes auf. Tief im Norden stehen die Sommersternbilder Cygnus, Lyra und Hercules. Die Milchstraße ist bei weitem nicht so schön wie im Spätsommer und Herbst, wenn die hellsten Abschnitte direkt über dir stehen.

Der Sternenhimmel im April, Mai und Juni

Jetzt werden die Nächte, vor allem in Nordeuropa, immer heller, so dass es schwierig sein kann, die schwächeren Sterne auf der Karte zu entdecken. Die Milchstraße wird wahrscheinlich nicht zu sehen sein, dafür sind aber eine Reihe der hellsten Sterne sichtbar. Tief im Norden leuchtet Capella im Sternbild Auriga, westlich davon sieht man Castor und Pollux im Sternbild Gemini. Im Westen versinkt Regulus im Sternbild Löwe und gleichzeitig tauchen die Sommersterne Daneb im Sternbild Schwan, Altair im Bild Aquila und Vega im Bild Lyra im Osten auf. Hoch im Süden leuchtet Arcturus im Bild Bootes, niedrig über dem Horizont steht Spica im Sternbild Virgo und direkt über dem Südhorizont funkelt der rote Antares im Scorpion. Nun gilt es, einige Monate zu warten, bis die Abende wieder dunkel werden.

Die in diesem Buch verwendeten Fotos wurden von folgenden Personen oder Institutionen zur Verfügung gestellt:

Jan Erik Arud (Seite 39 unten)
Trond Erik Hillestad (Seite 59 oben)
National Aeronautics and Space Administration (NASA) (Seite 8 oben, 54 oben, 55 oben links, 55 oben rechts, 56 unten, 56 oben, 57)
Eirik Newth (Seite 59 unten)
Dag Røttereng (Seite 52 Mitte)
Morten Søderblom (Seite 55 oben und Mitte)
Kari Thingvold (Seite 11 unten)
Dag Thrane (Seite 9 oben rechts, 15, 17, 48–49, 51 unten, 51 oben, 62–63, 63 oben)
Eivind Thrane (Seite 60–61)
Die Sternkarten im Buch wurden vom Autor selbst erstellt.

1. Auflage 1997

Originalverlag: Bonnier Carlsen Forlag, Oslo
Originaltitel: SE OPP!
Übersetzung: Lothar Schneider
Sachliche Beratung: Prof. Dr. Bernd Zimmermann
Lektorat: Anke Knefel
Einbandfoto: © Image Bank
Satz: Dörlemann Satz, Lemförde
ISBN 3-551-20952-9
Printed in Italy

Eirik Newth

Die Sterne

Ein Reiseführer zu den Sehenswürdigkeiten des Himmels

Mit Illustrationen von Ruben Eliassen
Aus dem Norwegischen von Lothar Schneider

CARLSEN

An einem Frühlingsabend ging ich hinaus auf die Veranda, um ein bisschen frische Luft zu schnappen, und aus alter Gewohnheit schaute ich nach oben. Es war klares Wetter und Vollmond, in dieser Helle wirkten die Sterne matt und blass. Plötzlich bemerkte ich einen grauen, undeutlichen Fleck direkt unter dem Sternbild des Großen Bären. Er sah zuerst aus wie eine Wolke, obwohl der Himmel sonst wolkenlos war. Vielleicht war es ein Nordlicht? Die »Wolke« wuchs und sandte lange Strahlen über den Himmel. Über eine Stunde starrte ich wie verzaubert auf das Himmels-Feuerwerk – das Nordlicht – das rot und grün loderte und in Bögen und Kringeln über den Himmel zuckte. Lange Lichtzungen jagten über den Himmel und verlöschten genauso abrupt, wie sie aufgetaucht waren.

Während dieses lautlosen, fast unheimlichen Ereignisses kamen auf einer Straße in der Nähe Spaziergänger vorbei. Doch keiner von ihnen richtete den Blick auf den Himmel über sich und so entging ihnen eines der phantastischsten Schauspiele der Natur. Im Østlandet, wo ich in Norwegen wohne, erscheint das Nordlicht so herrlich wie an jenem Abend nur alle paar Jahre einmal.

Sicher gab es in jener Nacht nur wenige Zeugen dieser faszinierenden Nordlicht-Erscheinung. Denn obwohl viele Leute an Astronomie interessiert sind, klingt es in vielen Büchern, Zeitungen und im Fernsehen oft so, als sei Astronomie eine komplizierte Wissenschaft nur für Spezialisten. Das ist jedoch nur die halbe Wahrheit. Denn Astronomie ist etwas, mit dem sich im Grunde jeder beschäftigen kann. In jeder klaren Nacht prangt der Sternenhimmel über uns, wie ein Reich, das man auf eigene Faust erforschen kann. Alles was man für die Reise braucht, ist Neugier und ein wenig Wissen darüber, wie es dort oben aussieht.

Dieses Buch ist eine Art Reiseführer zu den Sehenswürdigkeiten des Himmels: den Sternen und Sternbildern, dem Mond, den Planeten. Der Reisende wird etwas über ihre Geschichte erfahren, und die Karten zeigen, wann und wo man was sehen kann. Ergänzt wird dieses durch einige nützliche Tips, was man auf die Reise mitnehmen sollte.

Wer dieses Buch gelesen hat, ist bestens vorbereitet für einen Ausflug zu unserem Reiseziel: dem Sternenhimmel.

Inhalt

Die Sterne

Wenn man in einer dunklen, mondlosen Nacht die Sterne am Himmel betrachtet, versteht man gut, dass die Menschen sich schon immer über diese geheimnisvollen, blinkenden Lichtpunkte wunderten und versucht haben eine Erklärung dafür zu finden. Waren es womöglich weit entfernte Lagerfeuer, die himmlische Völker nachts entfachten? Oder waren es die Lichter in einer großen Kuppel, die sich über die Erde wölbte und durch die das Licht des Paradieses hereinschien?

Heute wissen wir, dass alle Sterne riesige Kugeln aus glühendem Gas sind. Die Energie, die das Gas zum Glühen bringt, entsteht, indem Atome tief im Inneren des Sterns zusammenstoßen. Bei ihrem Zusammenstoß verschmelzen die Atome und setzen Energie in Form von Licht und Wärme frei. Das nennt man Kernfusion. Die Temperatur, die erforderlich ist, damit eine solche Fusion zustandekommt, ist ungeheuer hoch: Im Mittelpunkt der Sonne, wo laufend Kernfusionen stattfinden, herrschen beispielsweise 15 Millionen Grad.

In mancher Hinsicht ähneln die Sterne den Menschen: Auch sie werden irgendwann geboren, sie führen ein aktives Leben und sie sterben. Sie können in Größe, Aussehen und Lebensweise sehr verschieden sein. Und genau wie die Menschen leben die meisten Sterne mit anderen Sternen derselben Art zusammen, sowohl in kleinen Familien als auch in großen Gemeinschaften.

Atome sind die Bauklötze der Natur. Sie sind so klein, dass man fünf Millionen Atome braucht, um den Punkt am Ende dieses Satzes zu umspannen. Es gibt 107 verschiedene Arten von Atomen. Jeder Stoff im Universum – der Mensch eingeschlossen – ist aus einer oder mehreren Atomarten aufgebaut.

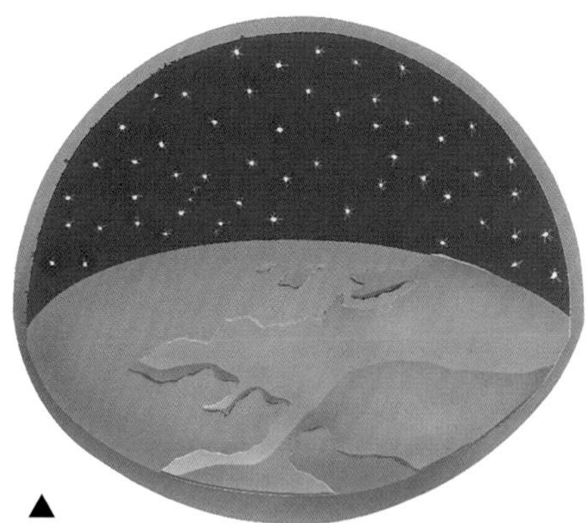

▲ *Früher meinten viele Menschen, dass die Erde so aussähe: Eine flache Scheibe mit Meer und Land, dazu eine feste Kuppel, auf der sich Sonne, Mond, die Sterne und die Planeten bewegten.*

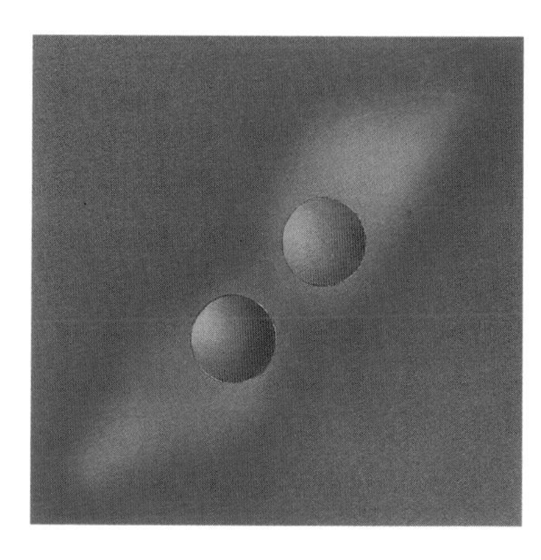

Wenn zwei Atome mit hoher Geschwindigkeit aufeinandertreffen, können sie miteinander verschmelzen. Bei dieser Verschmelzung wird meist Energie erzeugt, die die Sterne zum Leuchten bringt. Diese Art der Energieerzeugung nennt man Kernfusion. ▶

Alle Sterne, und damit auch unsere Sonne, entstehen dadurch, dass sich eine große Wolke aus Gas und Staub zusammenzieht. Zuerst ist die Wolke kalt, aber während sie allmählich schrumpft, erwärmt sie sich. Schließlich wird es in der Mitte der Wolke so heiß, dass die Atome in dem Gas miteinander verschmelzen und nun ein neuer Stern Licht und Wärme abgibt. So wurde auch unsere Sonne vor fünf Millionen Jahren geboren.

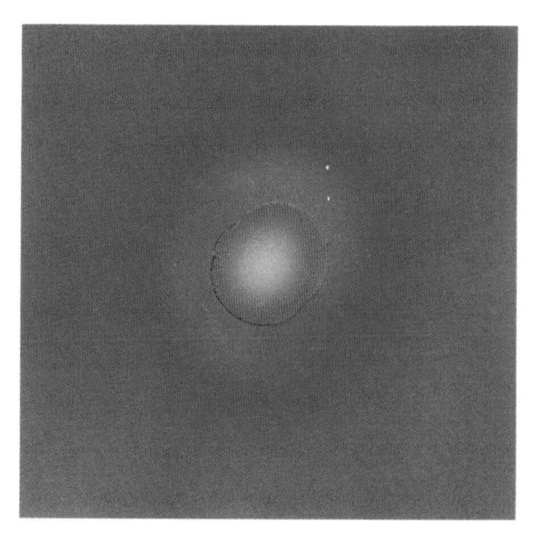

Gleichzeitig beginnen das Gas und der Staub rund um den neu entstandenen Stern sich zusammenzuklumpen. Manchmal entstehen daraus ein oder mehrere weitere Sterne, manchmal werden daraus Planeten. Der wichtigste Unterschied zwischen Planeten und Sternen besteht in der Größe und der Temperatur. Planeten sind viel kleiner als Sterne und werden im Inneren nie warm genug, um eine Kernfusion in Gang zu setzen. Deshalb leuchten Planeten nicht selbst, sondern reflektieren das Licht des Sterns, den sie umkreisen. Die Wolken, aus

Lebenslauf eines großen Sternes

Eine riesige Wolke aus Gas und Staub schwebt durch den Weltraum. Sie beginnt sich zusammenzuziehen.

Dabei wird sie wärmer. Schließlich kommt es zu einer Kernfusion und ein neuer Stern wird geboren.

Viele Millionen Jahre leuchtet der Stern bläulichweiß. Vielleicht entstehen aus den Resten von Gas und Staub um den Stern herum einige Planeten.

Dann geht der Brennstoff in dem Stern allmählich zu Ende und der Stern bläht sich ungeheuer auf. Er wird zu einem roten Riesenstern. Wenn es Planeten rund um den Stern gab, verbrennen sie jetzt.

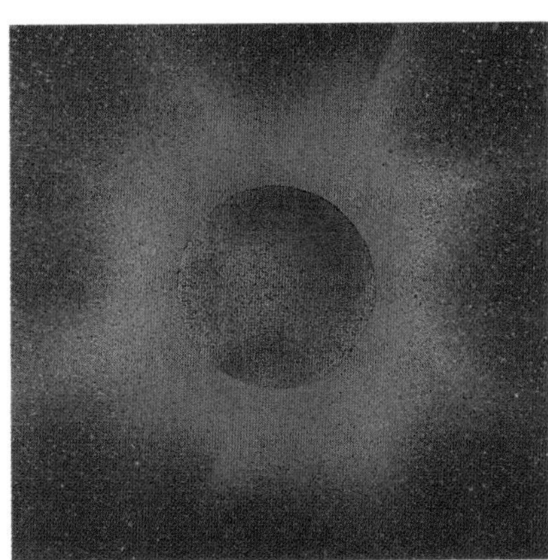

Sobald der Stern den gesamten Brennstoff aufgebraucht hat, wird oftmals der Großteil seines Gases in den Weltraum geschleudert.

Danach sehen wir eine große, leuchtende Wolke mit einem kleinen, zusammengepressten Sternrest in der Mitte – z.B. ein weißer Zwerg. Sehr schwere Sterne explodieren als Supernovas und was von ihnen übrig bleibt ist entweder ein Neutronenstern oder ein schwarzes Loch.

denen die Sterne gebildet werden, sind von unterschiedlicher Größe, deshalb unterscheiden sich auch die fertigen Sterne sehr in ihrer Größe. Manche sind von gewaltigem Gewicht, über hundertmal schwerer als die Sonne, andere haben nur einen Bruchteil des Gewichts der Sonne. Merkwürdig ist nun, dass die kleinsten Sterne am längsten leben! Denn obwohl die Riesensterne den meisten Brennstoff haben, leuchten sie so stark – tausendmal stärker als die Sonne – dass ihr Brennstoff im Laufe von wenigen Millionen Jahren aufgebraucht ist. Doch dafür sind die Riesensterne in ihrem kurzen Leben kaum zu übersehen, denn die anderen Sterne am Nachthimmel können sich, was die Lichtstärke betrifft, nicht mit ihnen messen. Ein mittelgroßer Stern wie die Sonne kann mit einer Lebenszeit von 10 Milliarden Jahren rechnen, weil er wesentlich sparsamer mit seiner Energie umgeht. Dafür sieht man ihn viel schlechter. Besonders knauserig sind die Zwergsterne, die mit ihrem kleinen Brennstoffvorrat bis zu 1000 Milliarden Jahre leben können! Doch sie strahlen dabei so schwach, dass sie von der Erde aus nur mit dem Fernrohr zu erkennen sind.

Es ist nicht nur die Leuchtstärke, die die Riesen von den Zwergen unterscheidet – auch die Farben sind verschieden. Durch

die starke Strahlung der Riesensterne wird ihre Oberfläche ziemlich heiß, sie wird weißglühend und erscheint am Himmel fast bläulichweiß. Die Sterne, die unserer Sonne ähneln, haben eine niedrigere Temperatur (rund 6000 Grad) an der Oberfläche und eine eher gelbliche Farbe. Die Zwergsterne sind noch kühler, sie sind »nur« rotglühend und leuchten mit einem orangefarbenen Schein.

Wenn das Leben eines Riesensterns zu Ende geht, schwillt er meistens an wie ein Ballon. Die Vergrößerung führt zu einer Abkühlung des Sterns und seine Farbe wechselt ins Rote. Kurz bevor er stirbt, wird der Stern zu einem roten Riesengebilde. Das Leben endet oft mit einer gigantischen Explosion – der Stern wird eine Supernova. Solche Explosionen sollen ein phantastischer Anblick sein, denn eine Supernova strahlt so hell, dass man sie sogar bei Tag sehen kann. Leider sind sie äußerst selten – die letzte starke Supernova war 1987 zu beobachten. Wir dürfen aber hoffen, denn das kann jederzeit wieder passieren. Auch Sterne, die der Sonne ähneln, schwellen an und werden gegen Ende ihres Lebens rot, aber sie explodieren nicht. Es hat lange gedauert, bis die Astronomen herausgefunden hatten, dass Lichtstärke und Farbe eines Sterns nicht nur von der Größe abhängen, sondern auch von seinem Alter.

◀ *Drei normale Sterntypen: weißer Riesenstern (Überriese), gelber, normaler Stern und roter Zwergstern.*

Die Entfernungen zwischen den Sternen sind so riesig, dass es unpraktisch ist, sie in Kilometern zu messen. Deshalb verwenden die Astronomen ihr eigenes Entfernungsmaß: das Lichtjahr. Ein Lichtstrahl bewegt sich mit 300000 km/sek. und ein Lichtjahr ist die Entfernung, die das Licht im Laufe eines Jahres zurücklegt. Ein Jahr hat ca. 32 Millionen Sekunden, ein Lichtjahr ist also ungeheuer weit.

Der nächste Stern (nach der Sonne), den man von Nordeuropa aus sehen kann, ist der Sirius. Er liegt $8^1/_2$ Lichtjahre von uns entfernt, das heißt über achtzigtausend Milliarden Kilometer! Das Licht des Sirius ist $8^1/_2$ Jahre unterwegs gewesen, also sehen wir den Sirius, wie er vor $8^1/_2$ Jahren aussah. Lass dir das einmal durch den Kopf gehen, wenn du die Sterne betrachtest: Die Lichtpunkte, die du heute siehst, liegen unendlich weit weg und das Licht von ihnen ist alt, oft viel älter als ein heute lebender Mensch.

Die meisten Sterne laufen mit einem oder mehreren anderen Sternen, mit denen sie gleichzeitig geboren wurden, in einer Bahn. Solche Sternsysteme werden Dop-

Wenn zwei Sterne gemeinsam geboren werden, so dass sie umeinander kreisen, heißen sie Doppelsterne.
▼

So sieht vermutlich unsere Galaxie aus einer Entfernung von 200 000 Lichtjahren aus. Die Position der Sonne im Milchstraßensystem ist mit einem roten Punkt markiert.

pelsterne genannt, wenn es zwei sind, und Mehrfachsterne, wenn es mehrere sind. Es kommt sogar häufig vor, dass viele hundert junge Sterne nahe beieinander geboren werden. Solche Haufen von jungen Sternen nennt man offene Sternhaufen und du kannst einige davon mit bloßem Auge sehen. Es ist gut denkbar, dass sich unsere Sonne einmal in einem solchen Haufen befand, aber die anderen Mitglieder der Familie inzwischen zerstreut worden sind, da sich offene Sternhaufen in der Regel nach einigen hundert Millionen Jahren auflösen.

Noch größere Gruppen von Sternen werden Kugelsternhaufen genannt. Im Gegensatz zu den offenen Sternhaufen, die eher locker zusammengesetzt sind, hocken in Kugelsternhaufen Millionen von Sternen dicht aufeinander. Die Sterne in einem Kugelhaufen sind sehr alt, oft doppelt so alt wie die Sonne, und liegen sehr weit weg. Deshalb kann man nur einige wenige davon ohne Fernrohr erkennen. Von Nordeuropa aus sieht man einen, der im Sternbild Herkules liegt (vgl. Seite 36).

Die größten Sterngruppen sind die Galaxien. Galaxien enthalten offene Haufen, Kugelhaufen und mehrere Milliarden Einzelsterne sowie viel Staub und Gas. Alle Sterne und Planeten im Universum gehören zu einer bestimmten Galaxie.

Sonne, Erde und die anderen Planeten unseres Sonnensystems gehören dem Milchstraßensystem an, einer mittelgroßen Galaxie mit rund zweihundert Milliarden Sternen. Das Milchstraßensystem kann man als ein blasses, leuchtendes Band sehen, das sich über den ganzen Himmel zieht. Es besteht aus Milliarden von Sternen, die so dicht beieinander liegen, dass man sie mit bloßem Auge nicht unterscheiden kann. Das Milchstraßensystem sieht aus wie ein Band, weil wir es von der Seite sehen. Eigentlich ist unsere Galaxie eine flache, runde Scheibe mit langen Armen von Sternen, die sich von der Mitte nach außen ziehen wie bei einem Silvesterfeuerrad. Die Sonne liegt weit außen in einem der Arme und von unserem Blickpunkt aus bildet die Galaxie einen Streifen über den ganzen Himmel, als würde man einen tiefen Teller von der Seite sehen.

Auch die Galaxien sammeln sich wieder in Gruppen, sogenannten Galaxienhaufen. Das Milchstraßensystem gehört zusammen mit etwa 30 anderen größeren und kleineren Galaxien zur sogenannten lokalen Gruppe.

Der Sternenhimmel

Auch wenn es auf den ersten Blick so aussieht, steht der Sternenhimmel niemals still, sondern es gibt am Himmel viele Arten von Bewegungen.

Eine Himmelsbewegung, die dir sofort auffällt, ist die tägliche Wanderung der Sonne am Himmel und der Unterschied zwischen Nacht und Tag. Zu dieser Bewegung kommt es, weil sich die Erde in 24 Stunden um ihre Achse dreht. Auf der Seite der Erde, die von der Sonne beleuchtet wird, ist Tag, auf der Schattenseite ist Nacht. Die Sonne scheint morgens im Osten aufzugehen und abends im Westen unterzugehen. Das hängt damit zusammen, dass die Erde sich von Westen nach Osten dreht. Sobald die Nacht einbricht, werden sich die meisten Sterne so benehmen wie die Sonne während des Tages, werden sich also langsam von Osten nach Westen bewegen. Schon innerhalb einer halben Stunde kannst du diese Veränderung beobachten.

Welche Sterne du am Nachthimmel sehen kannst, verändert sich im Laufe eines Jahres. Dadurch dass die Erde in einem Jahr einmal um die Sonne läuft, siehst du auf der Nachtseite der Erde ständig neue Sterne. So ist zum Beispiel das Sternbild Leo (der Löwe – mehr darüber auf Seite 37) in einer Märznacht ein imposanter Anblick, er steht hoch im Süden und ist leicht zu erkennen. Versuchst du ihn aber in einer Septembernacht zu finden, wirst du Pech haben, weil sich die Erde in den sechs Monaten zwischen März und September eine halbe Runde auf ihrer Bahn um die Sonne vorwärtsbewegt hat. Im März war die Nachtseite der Erde direkt auf Leo gerichtet und das Sternbild war leicht zu erkennen. Im September ist die Nachtseite einem anderen Teil des Himmels zugewandt, wo du andere Sternbilder sehen kannst. Da befindet sich die Sonne zwischen uns und Leo und das Sternbild ist am besten mitten am Tag sichtbar! Natürlich ist es tagsüber viel zu hell, um außer der Sonne andere Sterne zu erkennen. Im nächsten März hat die Erde wieder eine halbe Runde zurückgelegt und jetzt wendet sie die Nachtseite erneut Leo zu, der um Mitternacht besonders deutlich zu sehen ist.

Diese Verschiebung erfolgt gleichmäßig über das ganze Jahr: Ein Sternbild geht jede Nacht im Verhältnis zur vorigen Nacht vier Minuten früher auf. In 15 Tagen also eine Stunde und in einem Monat zwei Stunden früher. Steht also Leo am 1. März um

Auf diesem vom Weltraum aus aufgenommenen Bild der Erde sieht man die beleuchtete Tagesseite und die dunkle Nachtseite. Im Bereich zwischen Licht und Schatten ist Abend.

Das Schaubild zeigt, dass man das Sternbild Leo im März sehr gut, im September aber überhaupt nicht sehen kann, weil sich die Erde um die Sonne bewegt.

▼

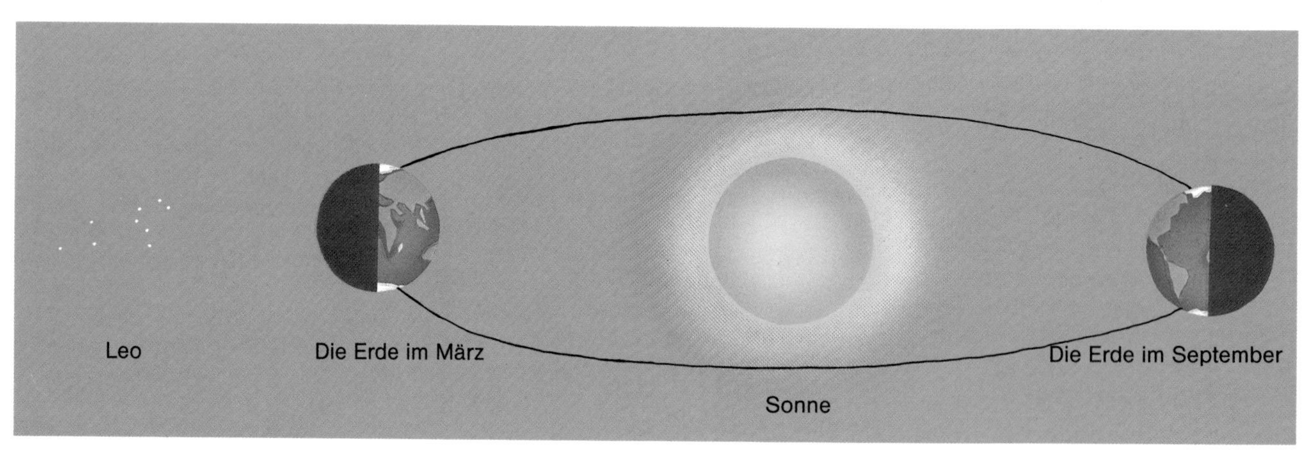

Die Erde beschattet einen Teil des Sternenhimmels, so dass man ihn nicht sehen kann. Wenn man weit im Norden wohnt, bleibt ein großer Teil des südlichen Sternenhimmels unsichtbar.

Auf diesem Foto siehst du, wie sich die Sterne aufgrund der Rotation der Erde auf unterschiedlichen Kreisbögen bewegen. Das Bild wurde aufgenommen, indem man die Blende der Kamera offen ließ. Es ist deutlich zu sehen, dass nur ein Stern scheinbar in Ruhe ist: der Polarstern Polaris. Die gepunktete Spur, die über das Bild führt, stammt von einem Flugzeug.

24.00 Uhr hoch im Süden, steht er am 15. März dort um 23.00 Uhr, am 1. April um 22.00 Uhr und so weiter. Nach sechs Monaten beträgt die Verschiebung 12 Stunden und Leo steht am 1. September um 12.00 Uhr Mittag hoch im Süden. In einem Jahr beträgt die Verschiebung 24 Stunden und damit hat sich das Sternbild »rund um die Uhr« gearbeitet, steht also zur selben Zeit am selben Ort wie das Jahr vorher.

Eine Bahn ist die unsichtbare »Spur«, der ein Planet folgt, der einen Stern umkreist, oder ein Mond, der sich um einen Planeten bewegt. Die Erde beschreibt seit ihrer Entstehung vor über vier Milliarden Jahren etwa dieselbe Bahn. Auch Planeten und Monde folgen ständig derselben Bahn, weil sie von einer Kraft gehalten werden: der Schwerkraft. Es ist die Schwerkraft der Sonne, die die Erde auf ihrer Bahn hält.

Einen großen Teil des Himmels wirst du von dort, wo du lebst, nie sehen, weil er von der Erdkugel beschattet wird. Je weiter im Norden du lebst, um so weniger wirst du vom südlichen Himmel sehen und umgekehrt. Deshalb wird man beispielsweise in Norwegen nie das Sternbild »Scorpius«, »Skorpion«, sehen können. Es gibt allerdings auch Vorteile, wenn man weit im Norden lebt. Dort kann man nämlich das ganze Jahr in jeder dunklen Nacht viele der schönsten Sternbilder sehen. Sie gehen nie auf oder unter, sondern beschreiben große Kreisbahnen um einen Punkt, der der nördliche Himmelspol genannt wird (Erklärung nächste Seite). Man nennt solche Sterne Zirkumpolarsterne. Wir haben das Glück, dass es einen sehr hellen Stern direkt neben dem nördlichen Himmelspol gibt: Polaris, Nordstern oder Polarstern, ist der einzige Stern, der am Nachthimmel nahezu stillzustehen

scheint, und die Zirkumpolarsterne scheinen langsam um Polaris zu kreisen.

Weil sich der nördliche Himmelspol direkt über dem Nordpol der Erde befindet, wird Polaris immer im Norden stehen. Das macht ihn zu einem sehr nützlichen Stern und die Menschen haben sich vor der Erfindung des Kompasses jahrhundertelang danach orientiert. Weiter hinten im Buch wirst du erfahren, wie man den Polarstern zur Orientierung benutzt.

Die Erdachse steht schräg zu der Ebene, die die Erde auf ihrer Bahn um die Sonne bestimmt. Das beschert den Menschen in Nordeuropa helle Sommernächte und weit im Norden die Mitternachtssonne. Die Abbildung auf der linken Seite zeigt, wie diese Schrägstellung dazu führt, dass die Gebiete nördlich einer bestimmten Grenze – des Polarkreises – im Sommer nie in die Schattenseite der Erde kommen. Nördlich des Polarkreises steht die Sonne im Norden direkt unter dem Horizont und es wird auch nachts nie richtig dunkel. Deshalb kann man die Sterne nur schwer sehen und im Sommer machen die norwegischen Sterngucker gewöhnlich Urlaub.

Was ihnen allerdings im Sommer an Beobachtungszeit verlorengeht, bekommen sie im Winter zurück. Denn dann befinden sich die Gebiete nördlich des Polarkreises ständig in der Schattenseite, die Sonne geht nicht auf und in Nordskandinavien herrscht die Polarnacht. Je weiter nördlich du wohnst, um so länger sind für dich im Sommer die Tage und um so kürzer werden sie im Winter. Wie groß die Unterschiede von Norden nach Süden sind, wirst du feststellen, wenn du im Sommer und im Winter die Zeiten von Sonnenaufgang und -untergang zum Beispiel in Hamburg und München vergleichst.

◀ *Wir stellen uns vor, dass die Rotationsachse der Erde in den Weltraum verlängert wird. Sie deutet dann direkt auf den nördlichen Himmelspol, an dem sich zufällig der Polarstern befindet.*

Im Sommer bewirkt die schräg stehende Erdachse, dass ein Teil von Nordeuropa immer von der Sonne beleuchtet ist. Dort hat man die Mitternachtssonne. Die Grenze für das Gebiet der Mitternachtssonne heißt Polarkreis. ▶

Im Winter deutet die Erdachse immer noch in dieselbe Richtung (zum Nordstern), die Erde steht aber jetzt auf der anderen Seite der Sonne. Deshalb ist das Gebiet nördlich des Polarkreises den ganzen Tag im Schatten und es herrscht die Polarnacht.

Die Erdachse und die Himmelspole

Die Erdachse ist eine gedachte Linie, um die sich die Erde dreht. Die Linie verläuft durch den Südpol und den Nordpol, etwa wie die Achse an einem Globus. Die Pole sind die einzigen Stellen auf der Erde, die sich nicht drehen, die Stelle des Himmels direkt über Nord- und Südpol sieht deshalb so aus, als stünde sie still. Diese beiden Punkte am Himmel werden Himmelspole genannt. Verlängert man die Erdachse über den Nordpol der Erde hinaus, deutet sie auf den nördlichen Himmelspol, der auch aussieht, als befände er sich in Ruhe. Auf der Abbildung links siehst du, wie man sich die Verlängerung der Erdachse vom Nordpol der Erde zum nördlichen Himmelspol und zum Polarstern vorstellt. Der rote Pfeil zeigt die Richtung, in die sich die Erde dreht.

Dieses Foto der Sonne ist im Sommer um 0.15 Uhr auf Spitzbergen gemacht worden. Dort dauert die Mitternachtssonne vom 21. April bis zum 22. August, die Polarnacht vom 26. Oktober bis zum 16. Februar.

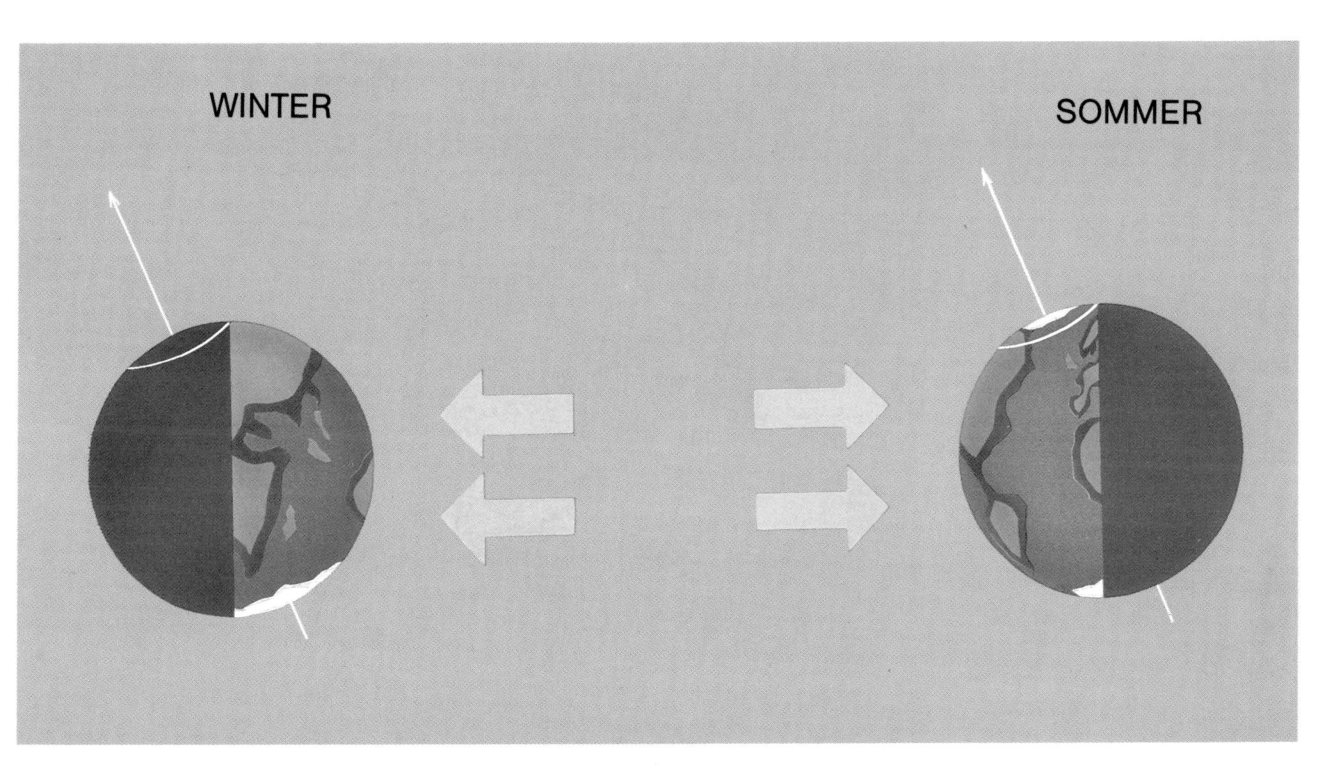
WINTER
SOMMER

Die Sternbilder

Die Sterne sind nicht gleichmäßig am Nachthimmel verteilt. Die Menschen haben darin seit frühester Zeit Muster gesehen, die sogenannten Sternbilder. Eine Gruppe von Sternen ähnelt zum Beispiel einem Löwen, eine andere einem Wagen und eine dritte einem fliegenden Schwan. Schon seit frühester Zeit waren die Menschen der Meinung, dass die Sternbilder nichts Zufälliges sind, sondern ein tieferer Sinn in ihnen steckt. Die Sternbilder wurden zu Symbolen für das, was den Menschen wichtig war, und bekamen die Namen von Göttern, Sagengestalten, Tieren und Arbeitsgeräten.

Heute sind fast alle der alten Sternreligionen ausgestorben und die Astronomen haben entdeckt, dass die Sterne in einem Sternbild in der Regel weit auseinander liegen und selten miteinander in Verbindung stehen. Trotzdem haben viele der alten Namen und Sagen über die Sternbilder überlebt. Die Sternbilder sind nicht nur eine gute Hilfe, wenn du dich am Himmel zurechtfinden willst, sie verleihen dem Sternenhimmel auch Leben, Spannung und Dramatik. Die Phantasie der Menschen hat aus den Sternen mehr gemacht als weit entfernte Gaskugeln.

In unserem Teil der Welt sind die griechischen Sternbilder heute eine Art Standard geworden. Die Griechen hatten einige Jahrhunderte vor Christus im Mittelmeergebiet große Macht und Einfluß.

Das Wort »Astronomie« kommt aus dem Griechischen und bedeutet »Sternen-Ordnung«, da die ersten Astronomen hauptsächlich Tabellen und Kataloge über die Sterne anlegten. Später hat es die Bedeutung »Lehre von den Sternen, den Planeten und dem Universum« erhalten.

Astrologie – die letzte der alten Sternenreligionen

Die Bewegung der Erde um die Sonne erweckt den Eindruck, als würde sich die Sonne im Laufe eines Jahres langsam auf einer großen Himmelsbahn vor den Sternen bewegen und dabei an 12 Sternbildern, sogenannten Tierkreiszeichen, vorbeikommen. Trotzdem waren den Menschen in Europa seit Tausenden von Jahren diese Sternbilder bekannt und sie erhielten den Namen Zodiakus oder *Tierkreis.* Zehn davon siehst du auf der Karte Seite 22–23: Aries (Widder), Leo (Löwe), Gemini (Zwillinge), Cancer (Krebs), Taurus (Stier), Virgo (Jungfrau), Aquarius (Wassermann), Sagittarius (Schütze), Scorpius (Skorpion) und Libra (Waage). Die beiden letzten leuchten entweder zu schwach oder stehen zu weit südlich, als dass wir sie von Mitteleuropa aus gut sehen könnten. Der Mond und die Planeten erwecken ebenfalls den Eindruck, als würden sie sich durch den Tierkreis bewegen. Deshalb glaubten die Menschen, dass alles, was auf der Erde geschieht, von der Stellung der Sonne, des Mondes und der Planeten im Tierkreis abhänge.
Dieser Glaube wird Astrologie genannt, wobei die Ähnlichkeit mit dem Begriff Astronomie kein Zufall ist, denn die ersten Astronomen waren auch Astrologen. Zuerst studierten sie sorgfältig den Himmel, dann versuchten sie, aus ihren Beobachtungen die Zukunft vorherzusagen. Heute bringt man Astrologie meist mit Horoskopen in Verbindung. Das ist eine Art Bestimmung, welche Art von Mensch du bist, und Vorhersage, wie es dir in der Zukunft ergehen wird, ablesbar an der Position der Planeten in dem Tierkreis, in dem du geboren wurdest. Man findet Horoskope in vielen Zeitschriften und sie werden von Millionen Menschen auf der ganzen Welt gelesen. Ist etwas Wahres an den Horoskopen? Alle wissenschaftlichen Untersuchungen verneinen das. Doch viele Menschen finden Horoskope zumindest interessant und unterhaltend oder sie suchen darin Hilfe und Trost.

Sie übernahmen nicht nur viele Sternbilder anderer Völker, sondern schufen auch ihre eigenen. Ein großer Teil der Sternenmythologie der Griechen ist aufgeschrieben worden und die griechischen Astronomen haben Kataloge über die Sternbilder angelegt, aus denen wir viel über den griechischen Sternenhimmel wissen.

Die Griechen verehrten viele Götter und ihre Sagen erzählen, wie die Götter heldenhafte Menschen und Tiere belohnten, indem sie ihnen einen Platz am Himmel zuwiesen. Die Götter selbst lebten nicht im Bereich der Sterne, sie wohnten auf dem Berg Olymp (der in Nordgriechenland liegt) oder in der Natur. Die Götter konnten sich beliebig verwandeln, sowohl in Tiere als auch in Menschen, und sie mischten sich oft unter die Menschen.

Der mächtigste Gott hieß Zeus, mit römischem Namen Jupiter. Die Römer gaben den griechischen Göttern römische Namen und diese werden heute vor allem für die Sternbilder verwendet.

Auch die Völker im Norden haben ihre eigene Sternenmythologie. Ein Beispiel dafür sind die Samen, die seit Jahrtausenden in Norwegen, Schweden, Finnland und auf der Halbinsel Kola/Russland lebten. Die Samen waren Nomaden – ein Wandervolk. Nomaden schreiben gewöhnlich ihre Geschichte nicht auf, wie es die Griechen machten. Was wir heute über die Samen – auch über ihre Sternenkenntnisse – wissen, ist das, was seit Jahrhunderten münd-

Solche Symbole der Sternbilder im Tierkreis werden in vielen Zeitschriften verwendet.

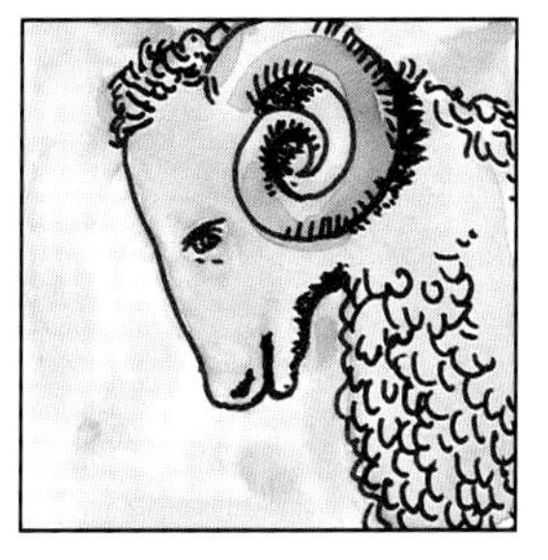

Widder – Aries

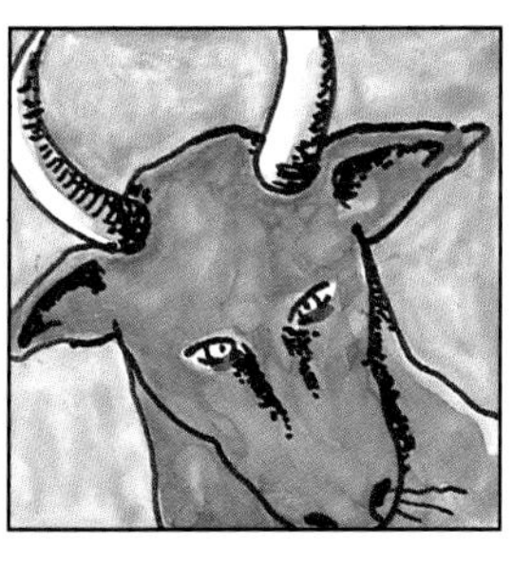

Stier – Taurus

Zwillinge – Gemini

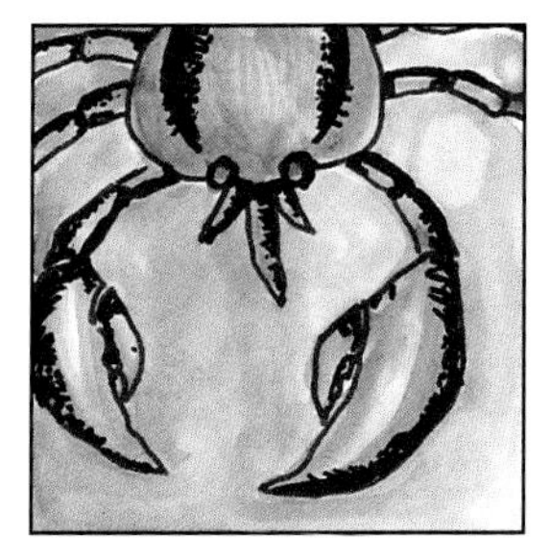

Krebs – Cancer

Löwe – Leo

Jungfrau – Virgo

Waage – Libra

Skorpion – Scorpius

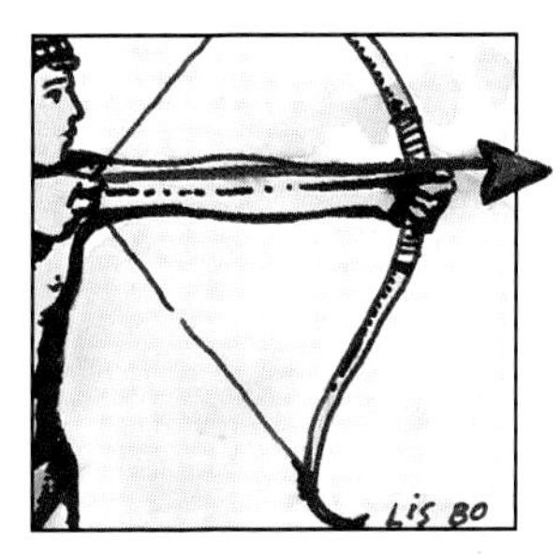

Schütze – Sagittarius

Steinbock – Capricornus

Wassermann – Aquarius

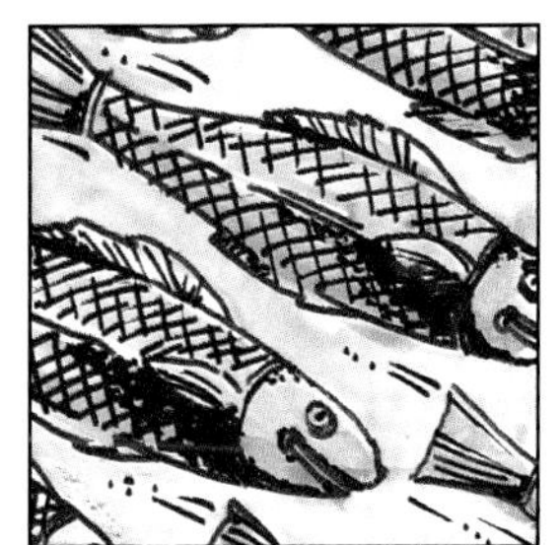

Fische – Pisces

Götter am Sternenhimmel
Wenn du mehr über die griechische Mythologie lesen willst, wirst du vermutlich vor allem auf die griechischen Namen stoßen und nicht auf die römischen. Diese Tabelle zeigt dir, welche griechischen Namen den am Sternenhimmel gebräuchlichen römischen entsprechen.

Griechischer Name	**Römischer Name**
Zeus	Jupiter
Hera	Juno
Hermes	Merkur
Aphrodite	Venus
Ares	Mars
Kronos	Saturn
Poseidon	Neptun
Gaia	Tellus

lich überliefert wurde. Vieles von der alten samischen Kultur verschwand, als fremde Völker, u.a. die Norweger, in die Gebiete der Samen eindrangen. Zum Glück wurde zu Beginn dieses Jahrhunderts ein Teil der samischen Sternenkenntnisse aufgeschrieben, so dass es möglich war, sogar eine Sternkarte zu zeichnen.

Der Sternenhimmel der Samen ist ganz anders als der der Griechen. Während die Griechen den Sternenhimmel mit 48 Sternbildern füllten, die meist keine Verbindung zueinander hatten, steht der Sternenhimmel der Samen für eines der wichtigsten Ereignisse ihres Lebens: die Jagd, die in verschiedenen Szenen symbolisch ausgedrückt wurde. Jagdszenen am Himmel waren auch bei vielen amerikanischen Indianerstämmen verbreitet.

Die Wikinger, deren Blütezeit vor über 700 Jahren war, scheinen nicht sonderlich daran interessiert gewesen zu sein, was sich nachts über ihren Köpfen abspielte. Das ist vielleicht nicht so verwunderlich, denn die meisten Wikinger waren Bauern, Fischer und Händler, die mehr als genug mit dem Überleben in einem harten Klima zu tun hatten.

Vorbereitungen

Bevor du als »Sterngucker« hinausgehst, solltest du dich über den Ort informieren, von dem aus du die Sterne beobachten willst. Es darf dort in der Umgebung nicht zu hell sein, denn sonst wirst du die schwächeren Sterne nicht sehen können, auch wenn der Himmel klar und dunkel ist. Deine Augen müssen sich an die Dunkelheit gewöhnen und es dauert 15 bis 20 Minuten, bis du den richtigen »Nachtblick« hast.

So einen dunklen Ort zu finden ist heutzutage oft nicht einfach, besonders, wenn du in der Stadt wohnst. Auf dem Land gibt es vielleicht einen dunklen Acker in der Nähe und in Vorstädten findest du, wenn du ein bisschen weggehst von den Wohnblocks und Reihenhäusern, vielleicht einen Fußballplatz oder ein kleines Wäldchen. Vielleicht wohnst du in einem Haus mit Garten, wo keine Straßenlaternen in der Nähe sind? Dann hast du, wenn die Lichter im Haus gelöscht sind, gute Bedingungen.

In der Stadt dagegen wimmelt es von Lichtquellen, auf Straßen, in den Häusern, den Geschäften und den Leuchtreklamen. Sogar Parks sind oft die ganze Nacht beleuchtet. Die Astronomen nennen das Lichtverschmutzung. Es ist typisch für unsere Zeit, dass einerseits die Astronomen mehr denn je über das Universum wissen und andererseits die meisten Leute den Sternenhimmel vergessen – vor allem weil sie ihn ja gar nicht mehr sehen können! Und dieses Problem betrifft nicht nur die Menschen, auch viele Tiere müssen ihren Lebensstil verändern, um sich den hellen Nächten in unseren Städten anzupassen.

Wenn man in der Stadt wohnt, muss man meist weit hinausfahren, um einen Ort zu finden, der dunkel genug ist, um den Sternenhimmel zu sehen. Vielleicht kannst du deine Eltern bitten, mal gemeinsam einen Ausflug zu machen. Ansonsten kannst du versuchen, einen dunklen Winkel in einem Park, auf einem Sportplatz oder Parkplatz ausfindig zu machen. Vergiss nicht, dass solche Orte abends und wenn du allein bist, nicht unbedingt sicher sind. Auch hier ist es besser, wenn ein Erwachsener mitkommt. Und vergiss nicht dein Buch über die Sterne einzupacken.

Damit du im Dunkeln die Karten lesen kannst, brauchst du auch eine Taschenlampe. Das Licht der Lampe sollte rötlich leuchten, denn rotes Licht beeinträchtigt das Nachtsehen weniger als weißes Licht. Du kannst das Glas deiner Taschenlampe mit Tusche rot färben oder ein rot gefärbtes Stück Plastik darauflegen. Das kannst du dann, wenn du die Lampe für etwas anderes brauchst, entfernen.

Es wird leicht kalt, wenn du draußen ohne Bewegung dastehst, zieh dir also unbedingt warme Sachen an. Wenn du die Möglichkeit hast zu sitzen oder zu liegen (zum Beispiel in einem Liegestuhl), wird das Stehen mit zurückgebeugtem Kopf nicht so anstrengend. Nimm dir auch eine Thermosflasche und etwas zu essen mit. Mit ein bisschen Vorbereitung kannst du aus deinem nächtlichen Ausflug ein richtiges »Sternenfest« machen, wie es auch Sterngucker in den USA oft veranstalten.

Der helle Schein, den du unten auf dem Foto siehst, ist die Luftverschmutzung über Oslo in einer normalen Nacht. Bei der Kamera war die Blende einige Minuten lang geöffnet, dadurch wurden die Sterne auf dem Film zu Strichen. ▶

Diese drei Karten über den gesamten Himmel Mitte März zeigen die Auswirkungen der Lichtverschmutzung. So wie rechts sieht man den Himmel weit draußen auf dem Land, so wie in der Mitte denselben Himmel in der Nähe einer Stadt und so wie links sieht der Himmel mitten in einer Stadt aus. ▼

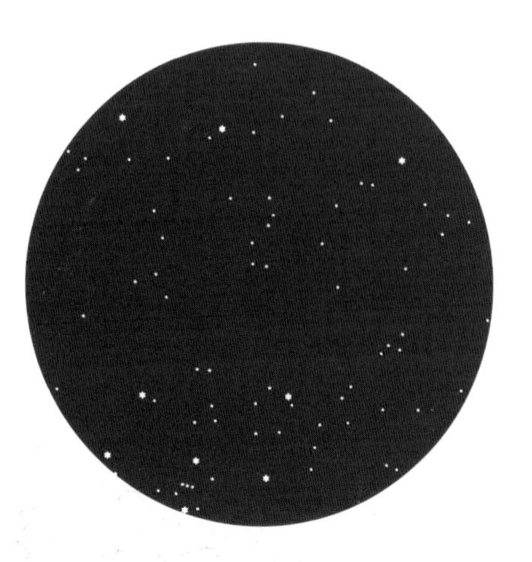

Die Sternkarten

Mit Hilfe der Sternkarten in diesem Buch kannst du die berühmtesten und interessantesten Sehenswürdigkeiten am Himmel aufspüren. Aus praktischen Gründen habe ich mich entschieden, den Himmel in fünf Bereiche zu unterteilen. Zwei der Kartenbereiche zeigen die zirkumpolaren Sternbilder, das heißt die, welche man das ganze Jahr jede Nacht sehen kann. Die drei anderen Bereiche zeigen all die Sternbilder weiter südlich am Himmel, die man auch von Nordeuropa aus sehen kann.

Alle Kartenbereiche überlappen sich gegenseitig und wenn du die Sternbilder am Rand der Karte vergleichst, erkennst du, wie die gesamte Sternkarte zusammengesetzt ist. Auf jedem Kartenteil ist vermerkt, wann während des Jahres der Teil des Himmels auf dem betreffenden Kartenstück am besten zu sehen ist. Vorne und hinten im Buch findest du außerdem Übersichtskarten, auf denen der ganze Himmel zu den verschiedenen Jahreszeiten abgebildet ist.

Um die beiden zirkumpolaren Karten zu verwenden, musst du nach Norden schauen. Wenn du nicht weißt, wo von deinem Standort aus gesehen Norden ist, und du keinen Kompass hast, kannst du dich am Polarstern orientieren. Den Polarstern findest du am einfachsten mit Hilfe des Großen Wagens, ein Sternbild, das du wahrscheinlich kennst. Auf der Abbildung oben ist gezeigt, wie er aussieht: ein schiefes Viereck mit einer »Deichsel« aus drei Sternen. Der Große Wagen ist zirkumpolar, er ist also das ganze Jahr über zu sehen. Die zwei Sterne in dem Rechteck des Großen Wagens, die am weitesten von der »Deichsel« entfernt sind, deuten auf den Polarstern. Du musst den Abstand zwischen den beiden Sternen etwa fünfmal verlängern, wie auf der Abbildung gezeigt, um zu einem stark leuchtenden Stern zu gelangen. Das ist Polaris, der Polarstern, und du weißt jetzt, wo Norden liegt.

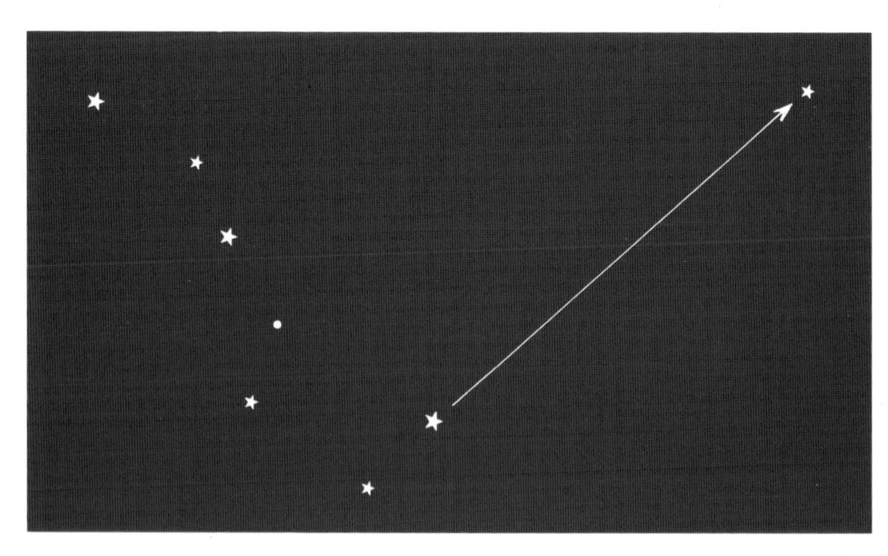

Zwei der Sterne im Großen Wagen »zeigen« direkt auf den Polarstern (Polaris), den man am leichtesten findet, wenn man den Abstand zwischen den beiden Sternen, die einen »Zeiger« bilden, fünfmal nach oben verlängert.

Stell dich nun, mit einer der zirkumpolaren Karten aufgeschlagen in der Hand, so auf, dass du Richtung Polarstern schaust. Versuch dann ein Sternbild auf der Karte am Himmel zu erkennen. Hast du es gefunden, drehst du das Buch, bis Karte und Himmel übereinstimmen. Dann ist es nicht mehr schwer, auch die anderen Sternbilder zu erkennen. Auf der zweiten zirkumpolaren Karte findest du den übrigen Teil des nördlichen Himmels.

Wenn du die drei Karten vom südlichen Sternenhimmel benutzen willst, musst du dich mit dem Rücken zum Polarstern drehen und nach Süden schauen. Du nimmst die Karte, die für die jeweilige Jahreszeit gültig ist, und versuchst ein hell leuchtendes Sternbild am Himmel auf der Karte wiederzuerkennen. Allmählich wirst du so vertraut mit dem Himmel, dass du in etwa weißt, wie die Sternbilder im Verhältnis zueinander liegen und welche Karte du aufschlagen musst, um zu finden, was du sehen willst.

Auf den Karten sind alle Sterne, die man von einem dunklen Ort aus sehen kann, als kleine Punkte oder Sterne eingezeichnet. Je heller der Stern am Himmel leuchtet, desto größer ist der Punkt oder Stern auf der Karte. Die Astronomen messen die Helligkeit oder Lichtintensität der Sterne nach mag., von lateinisch magnitudo, Größe. Diese Einteilung verläuft umgekehrt, das heißt, ein Stern, der schwach leuchtet, hat eine höhere mag. als ein hell leuchtender Stern. Der helle Stern Vega beispielsweise hat mag. 0, während die schwächsten erkennbaren Sterne ein mag. von über 5 haben. Seitlich oder unter den Karten wirst du sehen, welcher mag. ein Punkt entspricht. In der Stadt wirst du sicher keine Sterne sehen, die schwächer sind als mag. 3, während du auf dem Land alle auf den Karten eingezeichneten Sterne sehen kannst.

Die hell leuchtenden Sterne haben alle besondere Namen. Es werden einige griechische und römische Namen verwendet, aber die meisten Namen sind arabisch. Das hängt damit zusammen, dass die Araber viele alte griechische Schriften, darunter die Sternkataloge, ins Arabische übersetzten. Jahrhunderte später wurden diese Schriften und Kataloge dann aus dem Arabischen in europäische Sprachen übersetzt. Die arabischen Sternnamen wurden meist beibehalten. Die Namen der bekanntesten und hellsten Sterne sind in den Karten angegeben und viele der Namen werden noch im Text erklärt.

In den griechischen Sternbildern sind die Verbindungen zwischen den wichtigsten Sternen der Sternbilder eingezeichnet, damit das Bild, das sich die Griechen vorstellten, leichter erkennbar ist. Allerdings habe ich nicht alle Sternbilder aufgenommen, die man theoretisch sehen könnte; das wären etwa sechzig. Aber die meisten davon sind sehr klein, beinhalten schwache Sterne oder stehen so weit südlich, dass sie schwer zu erkennen sind. Deshalb habe ich nur die bekanntesten und interessantesten Sternbilder ausgewählt.

Wie bereits erwähnt, wird man immer weniger Sterne sehen, je weiter man im Norden wohnt. Wenn man zum Beispiel im nördlichen Skandinavien wohnt, wird man die Sterne auf dem unteren Rand der Karten von Seite 22 bis 26 nicht sehen können. Doch der Himmel in der Nähe des Horizontes ist ohnehin oft so unklar, dass man dort nur die hellsten Sterne erkennen kann. Wenn man zum Beispiel von Nordnorwegen aus nach dem Sirius (siehe Seite 31) Ausschau halten will, muss man beachten, dass er sehr knapp über dem Horizont im Süden steht.

Eine Vollmondnacht im Winter kann sehr beeindruckend sein. ▶

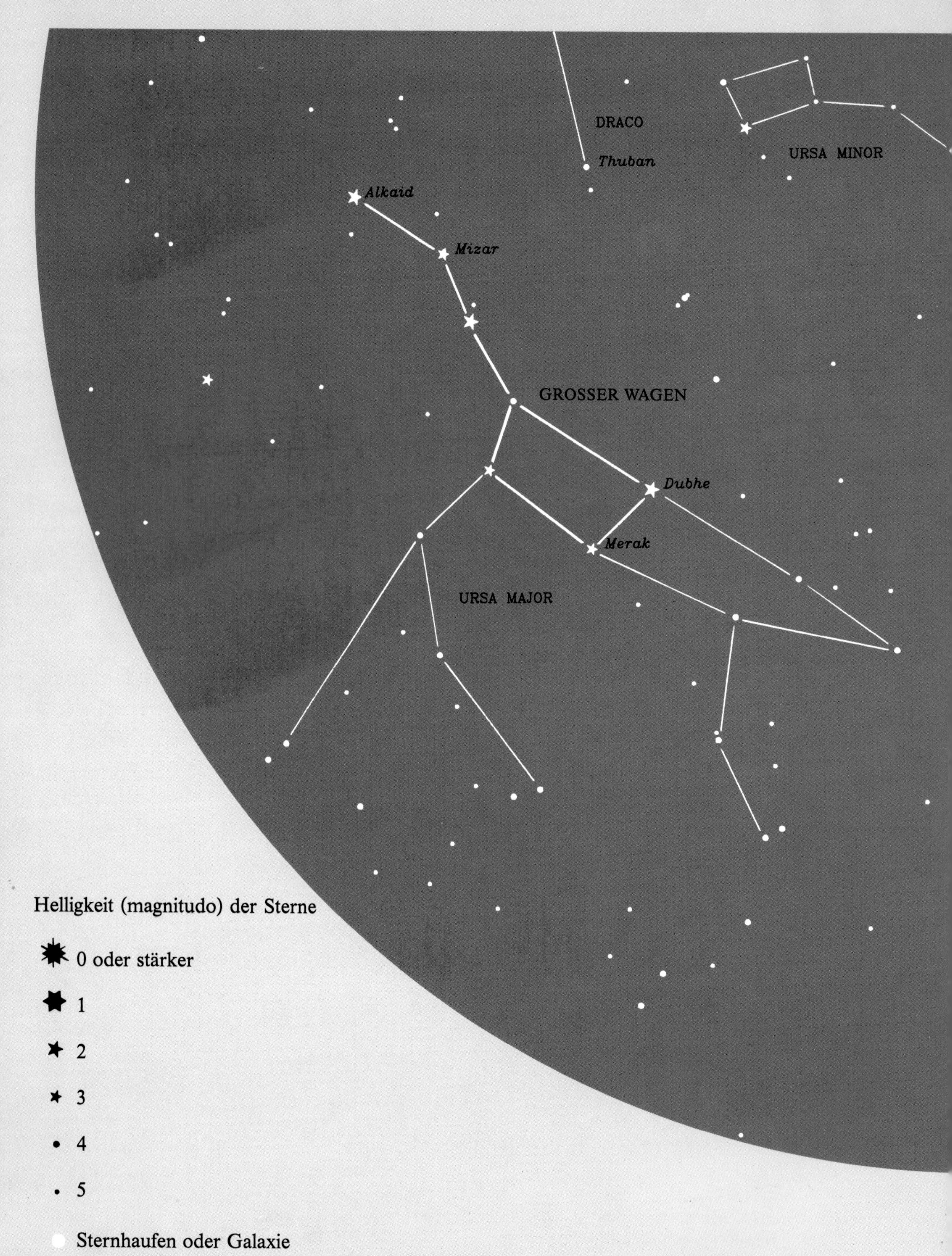
DRACO
Thuban
URSA MINOR
Alkaid
Mizar
GROSSER WAGEN
Dubhe
Merak
URSA MAJOR
Helligkeit (magnitudo) der Sterne
0 oder stärker
1
2
3
4
5
Sternhaufen oder Galaxie

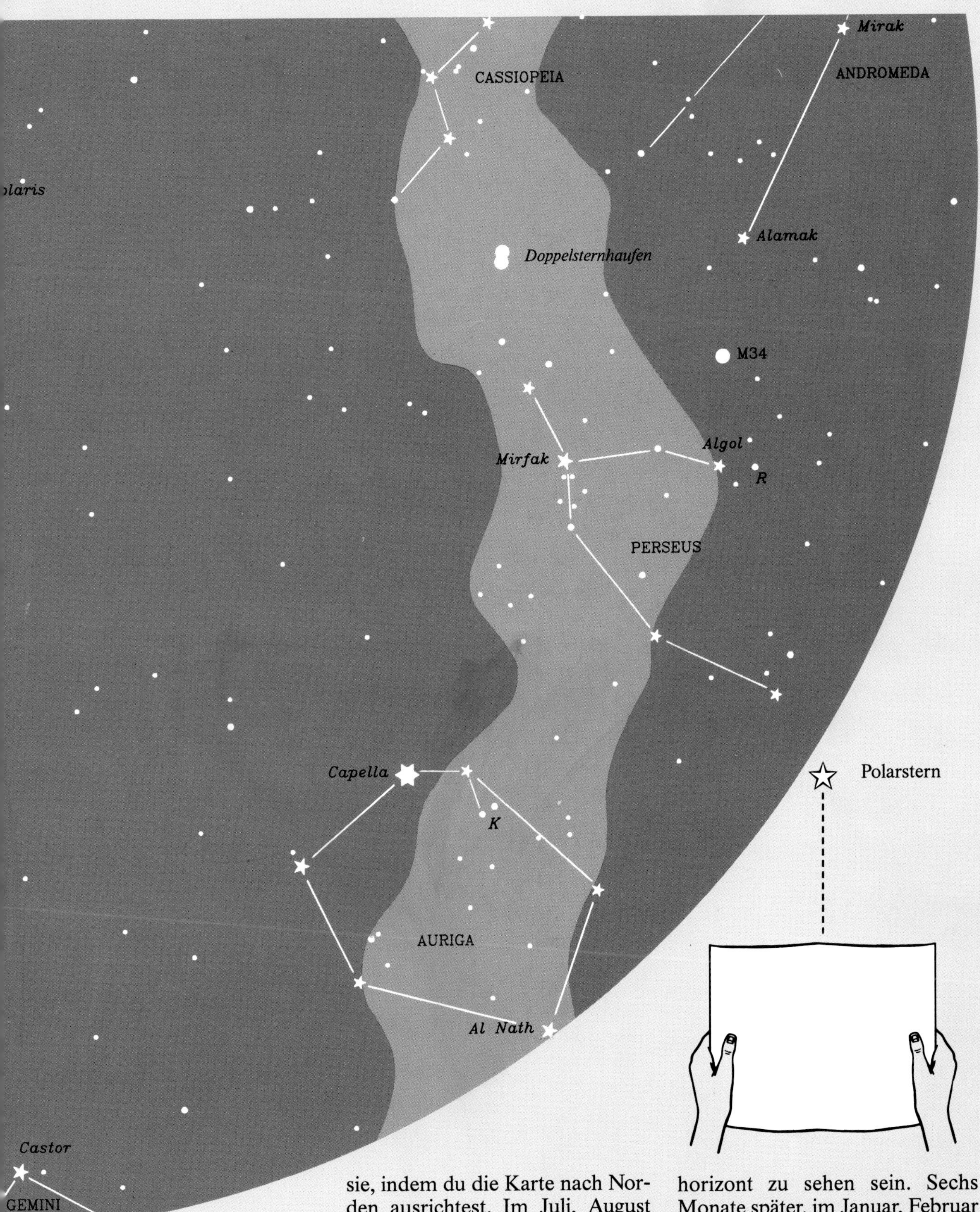

Diese Sternbilder sind zirkumpolar und können das ganze Jahr über beobachtet werden. Du findest sie, indem du die Karte nach Norden ausrichtest. Im Juli, August und September werden die Sterne abends etwa wie auf der Karte stehen: z. B. werden Ursa Major, Gemini und Auriga über dem Nordhorizont zu sehen sein. Sechs Monate später, im Januar, Februar und März, werden dieselben Sternbilder hoch am Himmel über dir stehen. Dann ist es am besten, wenn du das Buch umdrehst.

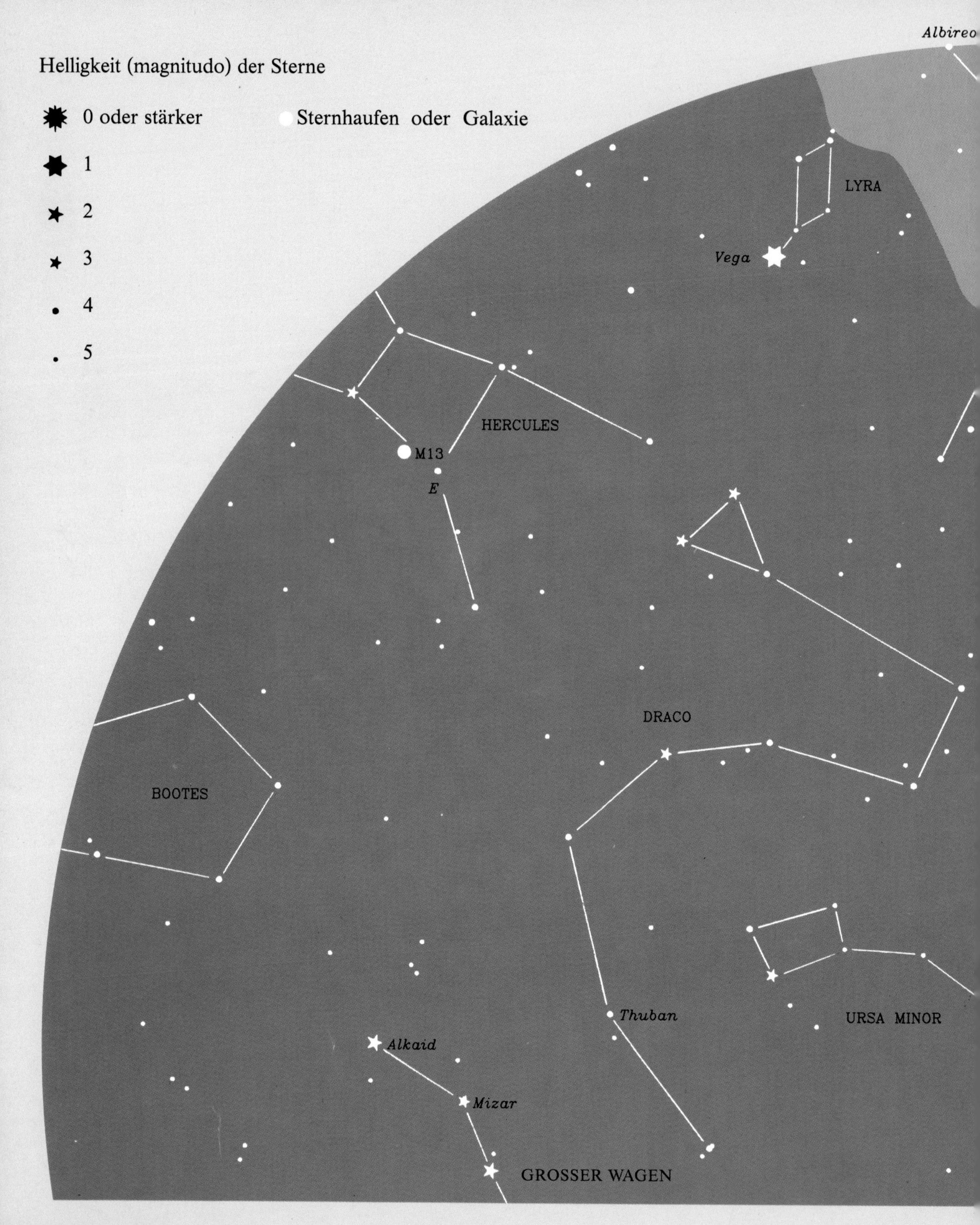

Diese Sternbilder sind zirkumpolar und können das ganze Jahr über gesehen werden. Du findest sie, indem du die Karte nach Norden ausrichtest. Im Juli, August und September werden die Sternbilder am Abendhimmel etwa wie auf der Karte stehen: z.B. werden Lyra und Cygnus hoch am Himmel

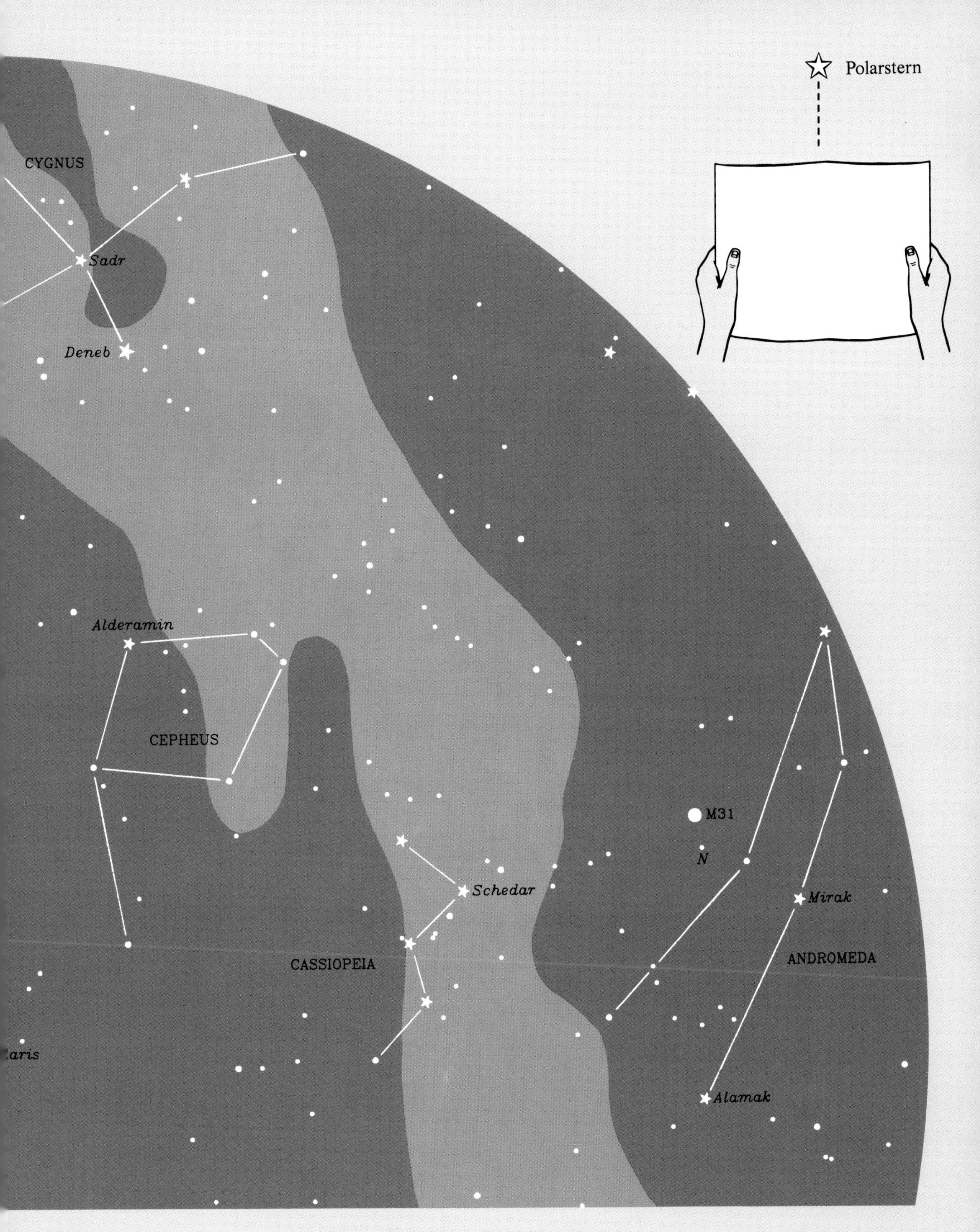

über dir zu sehen sein. Sechs Monate später, im Januar, Februar und März, stehen dieselben Sternbilder niedrig über dem Nordhorizont. Dann ist es am besten, wenn du das Buch umdrehst.

Fortsetzung S. 27

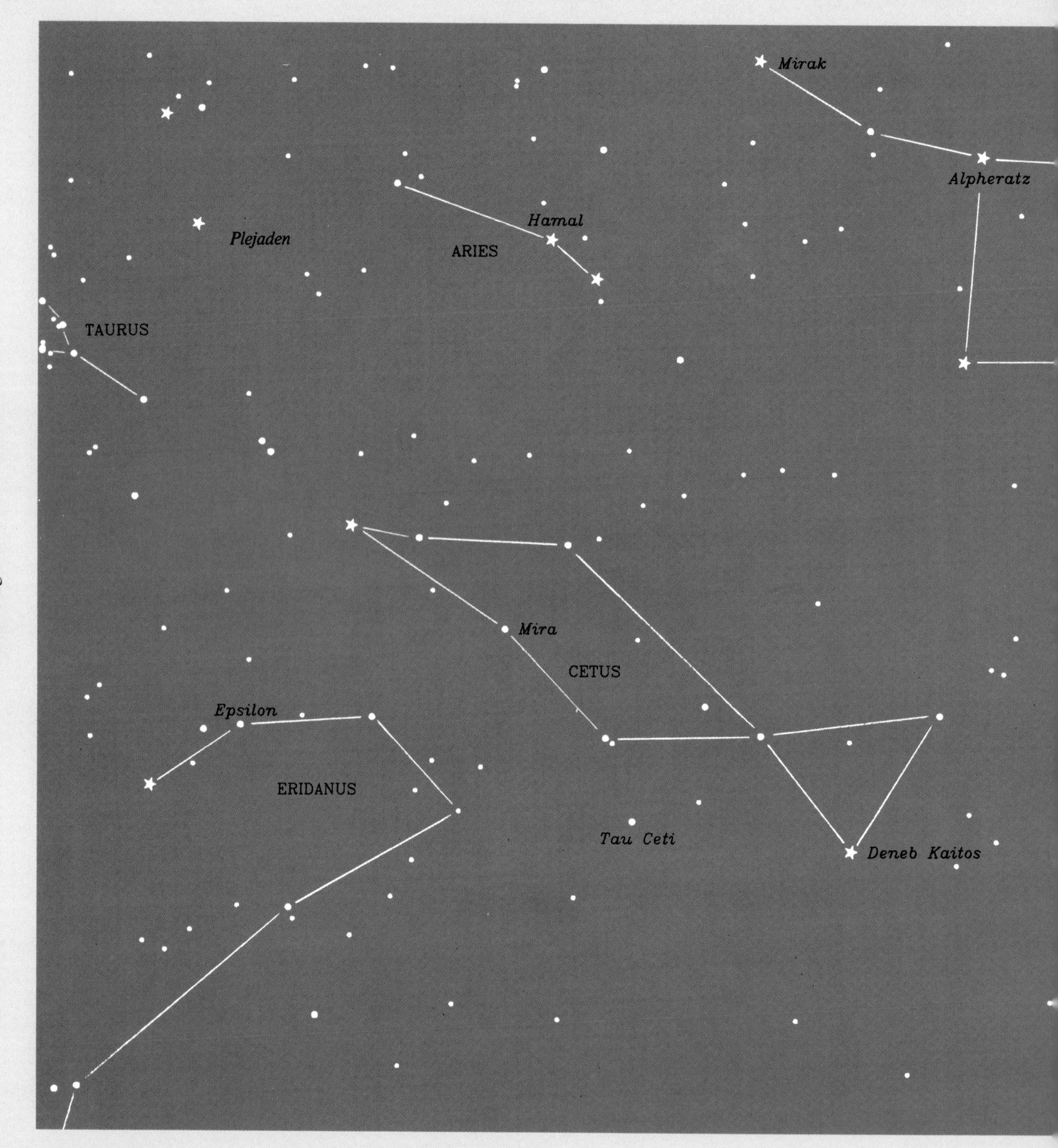

Helligkeit (magnitudo) der Sterne

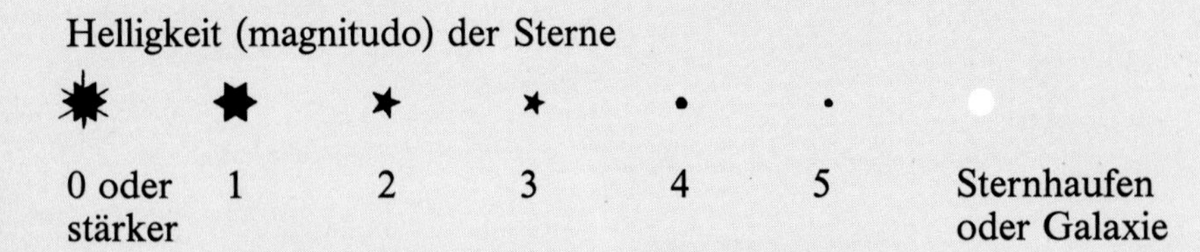

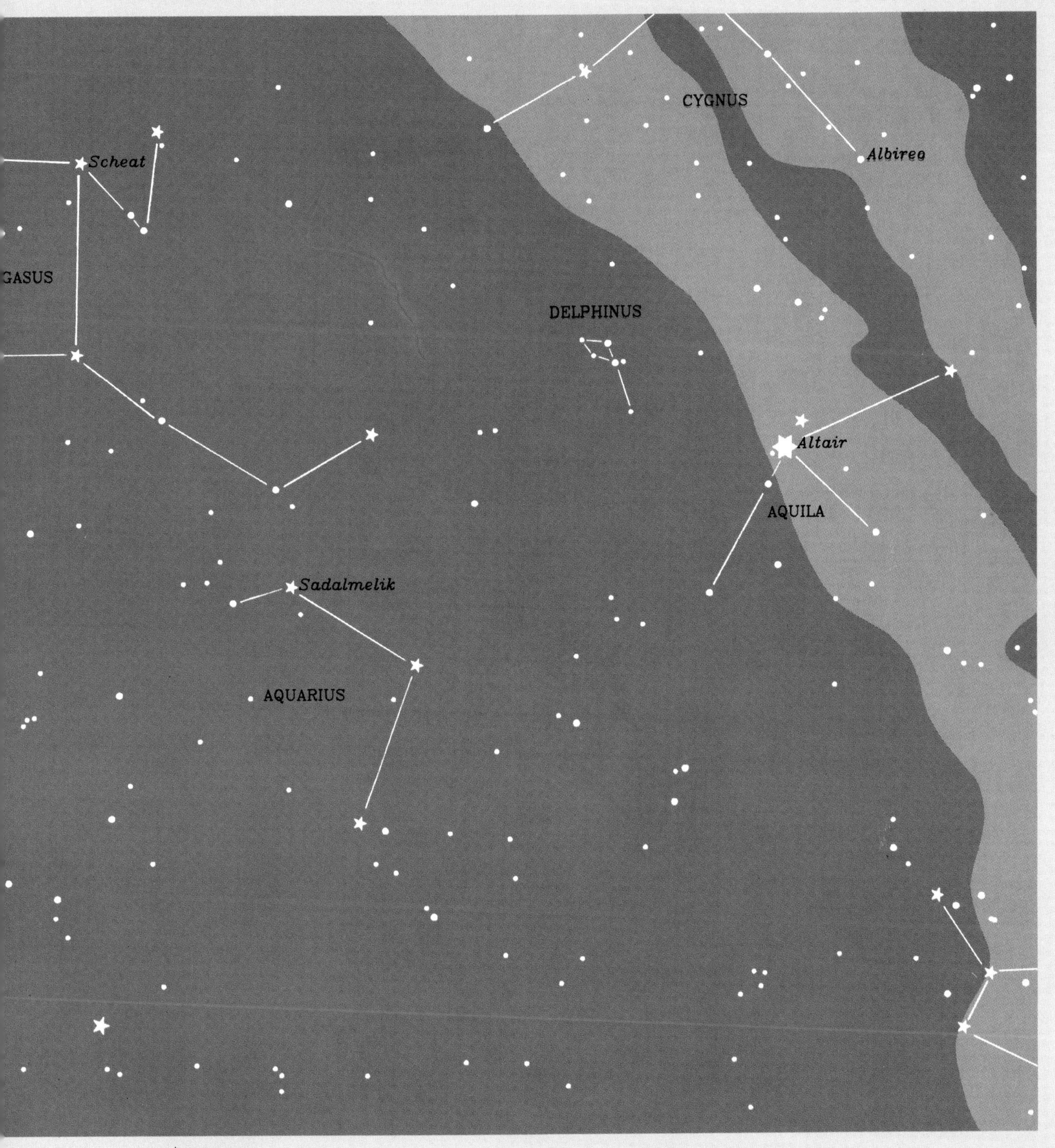

Fortsetzung S. 24

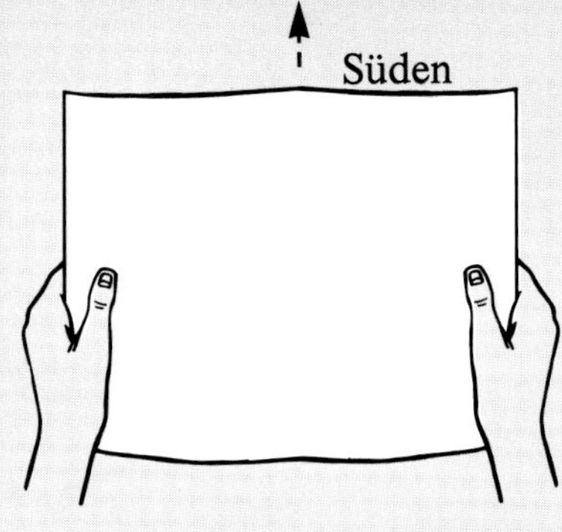

Die Sterne auf dieser Karte sind nicht zirkumpolar und können deshalb nicht das ganze Jahr über betrachtet werden. Du benutzt diese Karte, indem du sie nach Süden richtest. Dieser Teil des Sternenhimmels ist am besten spät abends im August und September zu sehen und am frühen Abend im Oktober und November. Der untere Rand der Karte ist der Horizont. Und wenn du die Sterne am oberen Rand sehen willst, musst du den Kopf in den Nacken legen.

LYRA
M13
CYGNUS
Albireo
HERCULES
Korneforos
Rasalgethi
Rasalhague
AQUILA
Altair
OPHIOCUS
SAGITTARIUS
Antares
SCORPIUS

Fortsetzung S. 23

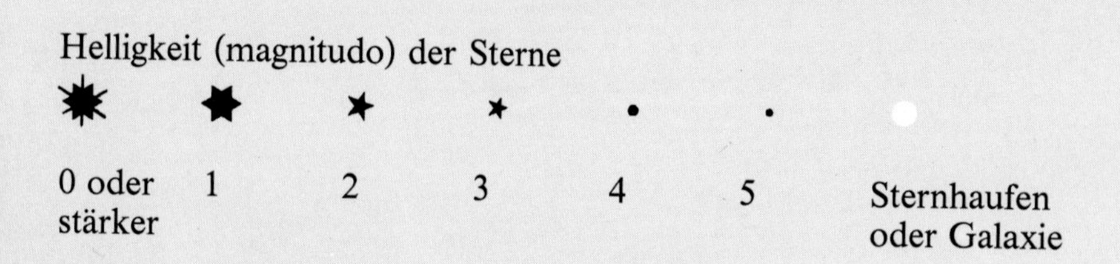

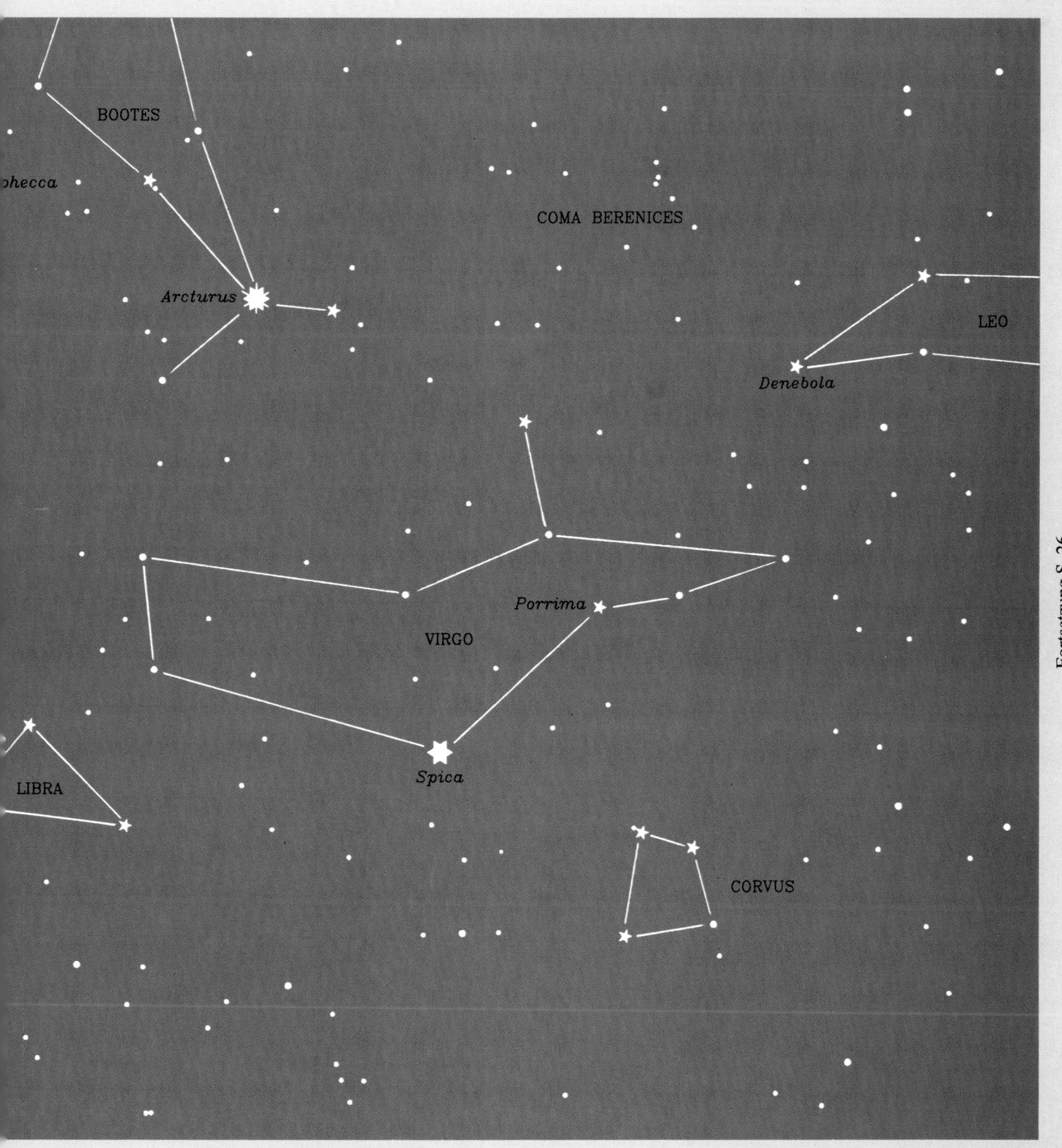

Fortsetzung S. 26

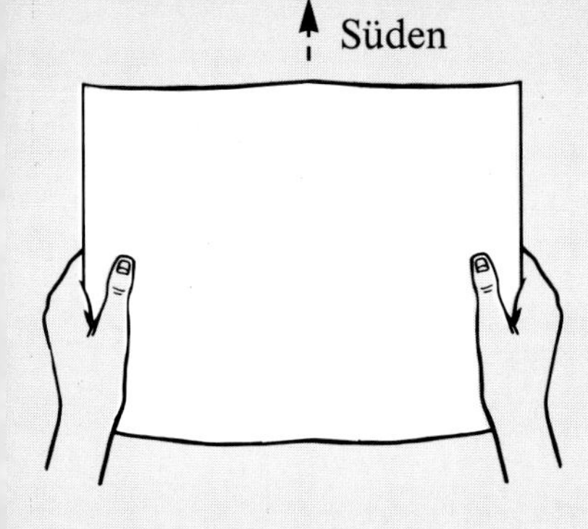

Die Sterne auf dieser Karte sind nicht zirkumpolar und können deshalb nicht das ganze Jahr über betrachtet werden. Du benutzt die Karte, indem du sie nach Süden richtest. Dieser Teil des Sternenhimmels ist am besten im April und Mai abends sichtbar. Der untere Rand der Karte ist der Horizont. Um die Sterne am oberen Rand zu sehen, musst du den Kopf in den Nacken legen.

Fortsetzung S. 25

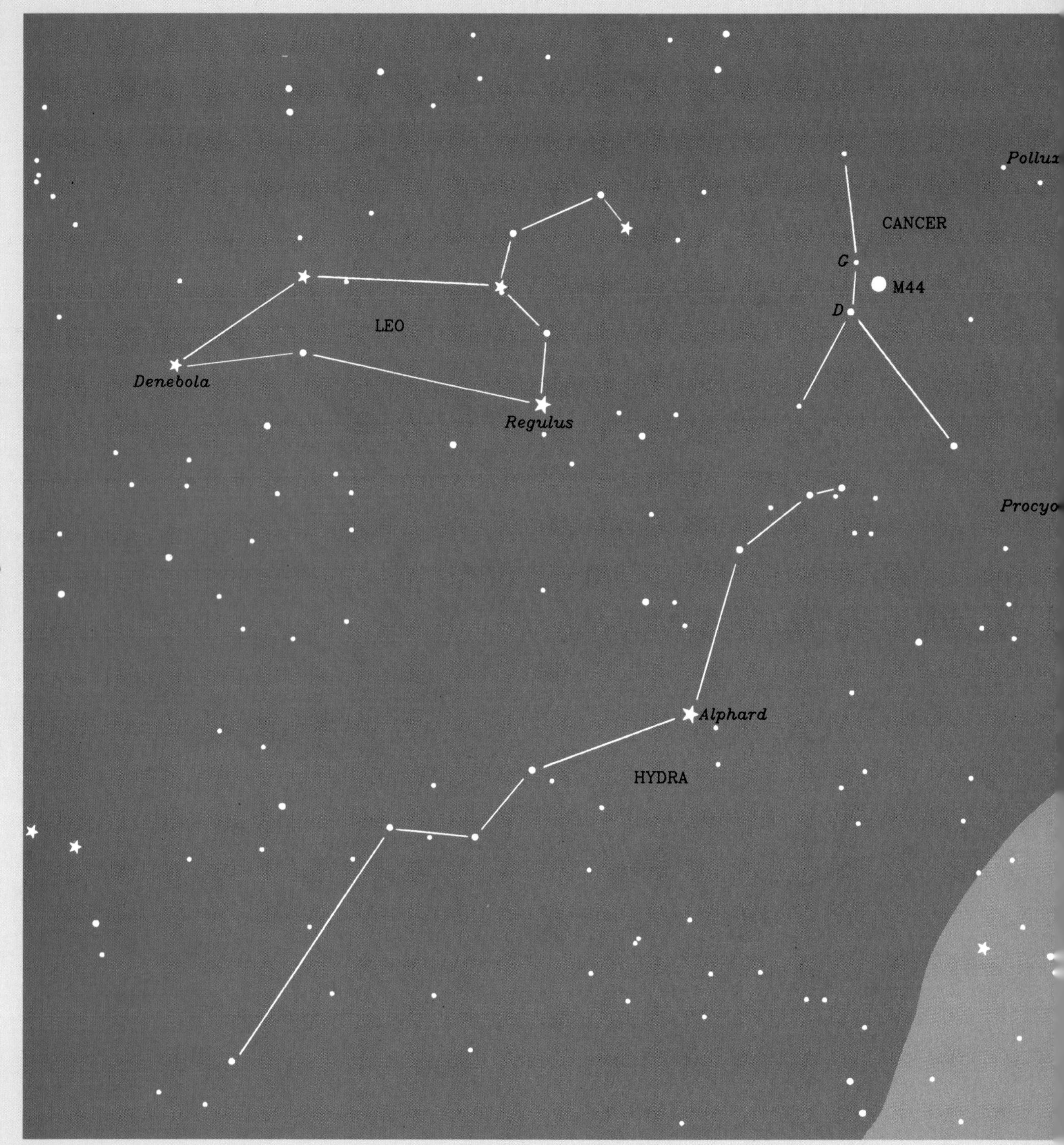

Helligkeit (magnitudo) der Sterne

0 oder stärker | 1 | 2 | 3 | 4 | 5 | Sternhaufen oder Galaxie

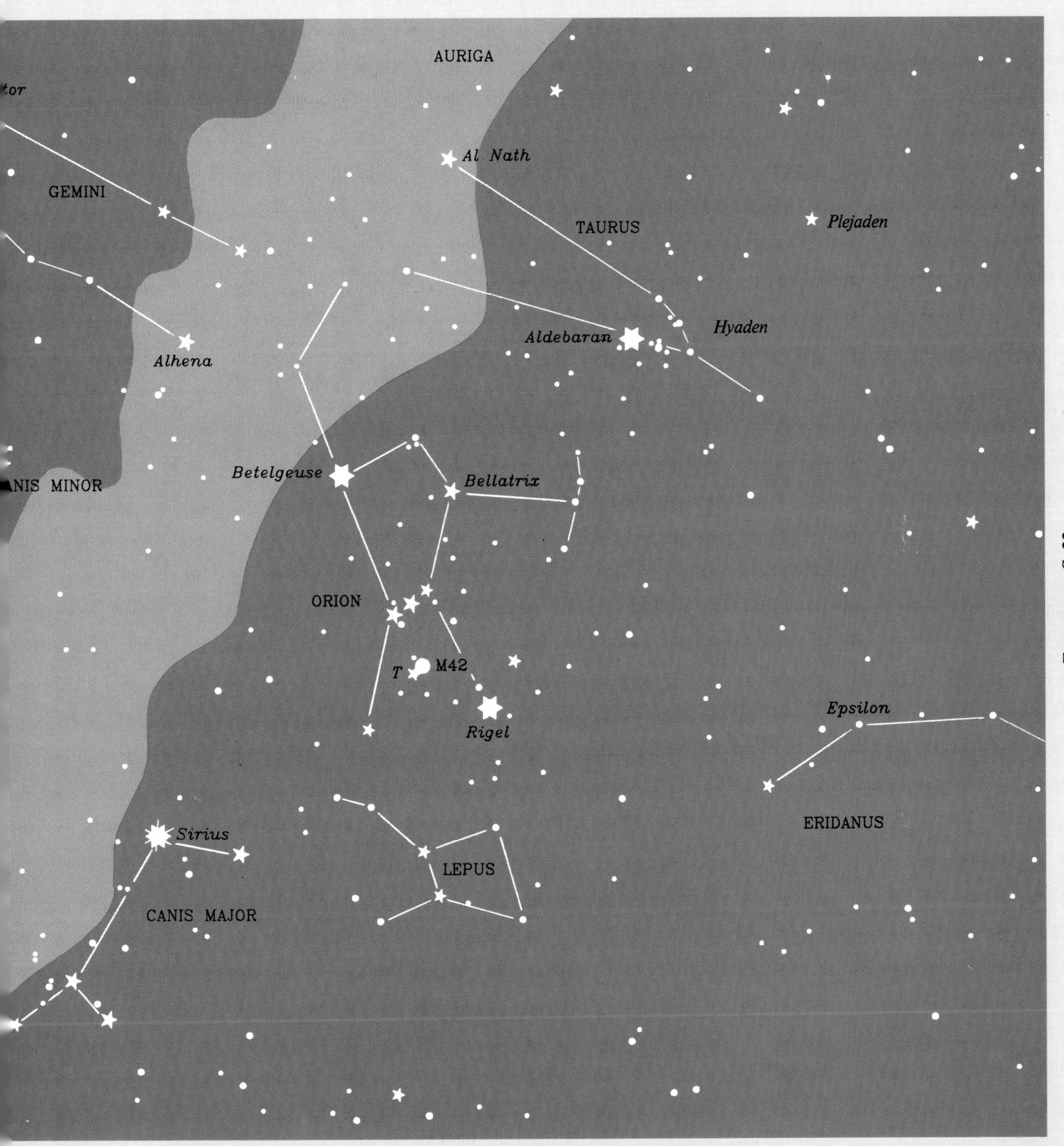

Fortsetzung S. 22

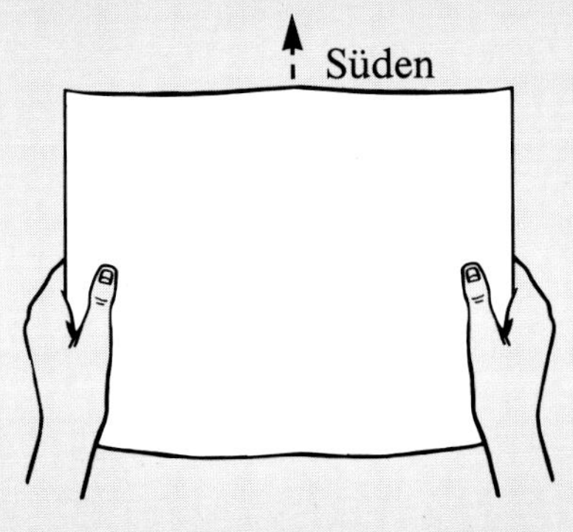

Die Sterne auf dieser Karte sind nicht zirkumpolar und können deshalb nicht das ganze Jahr über betrachtet werden. Du benutzt die Karte, indem du sie nach Süden richtest. Dieser Teil des Sternenhimmels ist am besten spät abends im Dezember und Januar und am frühen Abend im Februar und März sichtbar. Der untere Rand der Karte ist der Horizont. Um die Sterne am oberen Rand zu sehen, musst du den Kopf in den Nacken legen.

Die griechischen Sternbilder

Andromeda

Im Sternbild Andromeda (siehe Karte Seite 21) gibt es keine auffallend hell leuchtenden oder berühmten Sterne. Der hellste Stern heißt Mirach und ist ein orangeroter Riesenstern mit einer Leuchtkraft, die 95mal größer ist als die der Sonne. Mirach liegt 88 Lichtjahre entfernt und sein Name bedeutet »Gürtel«. Wenn du schon einmal von Andromeda gehört hast, dann wahrscheinlich im Zusammenhang mit dem Andromedanebel, der sich direkt über Mirach befindet. Bei guten Sichtverhältnissen kann man einen schwachen Nebelfleck gleich neben dem mit N. bezeichneten Stern erkennen, der Andromedanebel ist mit der allgemeinen Katalogbezeichnung M 31 markiert.

Wenn du Schwierigkeiten haben solltest, den Andromedanebel zu sehen, kannst du es mit folgendem Trick versuchen: Richte den Blick nicht direkt auf die Stelle, wo er liegen soll, sondern ein wenig daneben. Das Auge kann nämlich Licht, das etwas außerhalb der Mitte unseres Gesichtsfeldes auftritt, besser erkennen, als wenn man direkt auf die Lichtquelle starrt.

Der Andromedanebel ist das am weitesten entfernte Objekt, das man noch ohne Fernrohr sehen kann. Das Licht, das du siehst, kommt von mindestens 400 Milliarden Sternen, die über 2 Millionen Lichtjahre von uns entfernt sind. Als dieses Licht sich auf seinen langen Weg zu deinem Auge machte, lebten in der afrikanischen Savanne noch schimpansenähnliche Wesen, die frühen Vorfahren der Menschen.

Doch angesichts der Dimensionen im Weltraum sind 2 Millionen Lichtjahre nicht besonders viel. Im Gegenteil: Die Galaxie des Andromedanebels gehört zu unseren nächsten Nachbarn! Zusammen mit dem Milchstraßensystem und einer Reihe kleinerer Galaxien ist sie ein Teil unseres Galaxienhaufens, unserer lokalen Gruppe. Der Andromedanebel ist größer als das Milchstraßensystem.

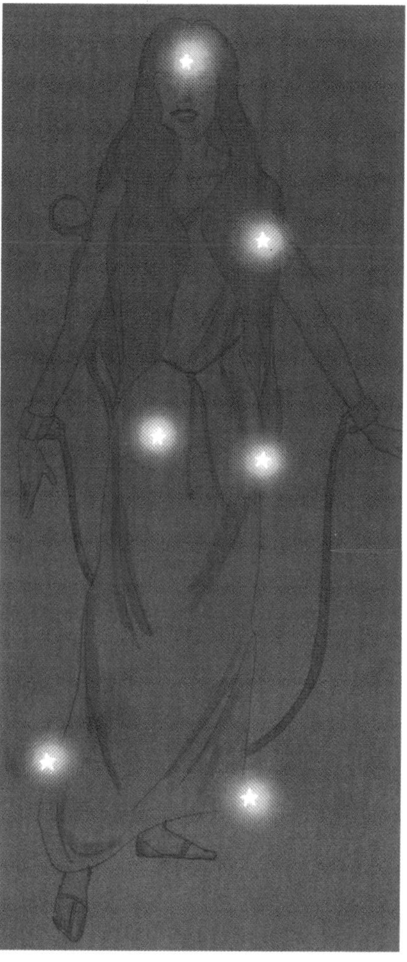

Königstochter Andromeda. Hier siehst du die wichtigsten Sterne dieses Sternbildes. Kneifst du die Augen zusammen, verschwindet die Zeichnung und nur die Sterne bleiben.

Das M in M 31 kommt von dem französischen Astronomen Messier, der bei seiner Suche nach Kometen viele Sternhaufen und Galaxien entdeckte.

Die Sage von Andromeda

Vor langer, langer Zeit herrschten König Kepheus und Königin Kassiopeia über das Land Äthiopien. Kassiopeia soll sehr schön gewesen sein, allerdings neigte sie zur Prahlerei. Eines Tages behauptete sie, schöner zu sein als die Hofdamen des Meeresgottes Neptun. Als die Hofdamen das hörten, wurden sie böse und verlangten von Neptun, dass er Kassiopeia bestrafe. Neptuns Strafe bestand darin, ein Meeresungeheuer, Cetus, auszuschicken, um an der äthiopischen Küste Angst und Schrecken zu verbreiten. Die Zerstörungswut des Cetus brachte Hunger und Tod, und die Bevölkerung bat ihren König etwas zu unternehmen. König Kepheus ging zu einem Orakel, einer weisen Frau, die Ratschläge erteilte und die Zukunft vorhersagte. Die Antwort des Orakels lautete: Um die Hofdamen des Neptun zu besänftigen, müsse Kepheus seine Tochter Andromeda dem Ungeheuer Cetus opfern.

Zunächst weigerten sich Kepheus und Kassiopeia, mussten aber schließlich der Forderung ihrer Untertanen, Cetus Einhalt zu gebieten, nachgeben. Andromeda wurde an einen Felsen am Meer geschmiedet. Als Cetus prustend und schnaubend aus dem Wasser stieg und langsam auf das wehrlose Mädchen zukroch, ertönte plötzlich in der Luft das Rauschen von Flügeln. Es war der große Held Perseus, der auf Pegasus, dem geflügelten Pferd, herbeiritt.

Perseus hatte soeben die Medusa getötet, die Menschen, die ihr Gesicht erblickten, in Stein verwandeln konnte. Perseus hatte das Haupt der Medusa in einem Sack bei sich und kam zufällig

König Kepheus

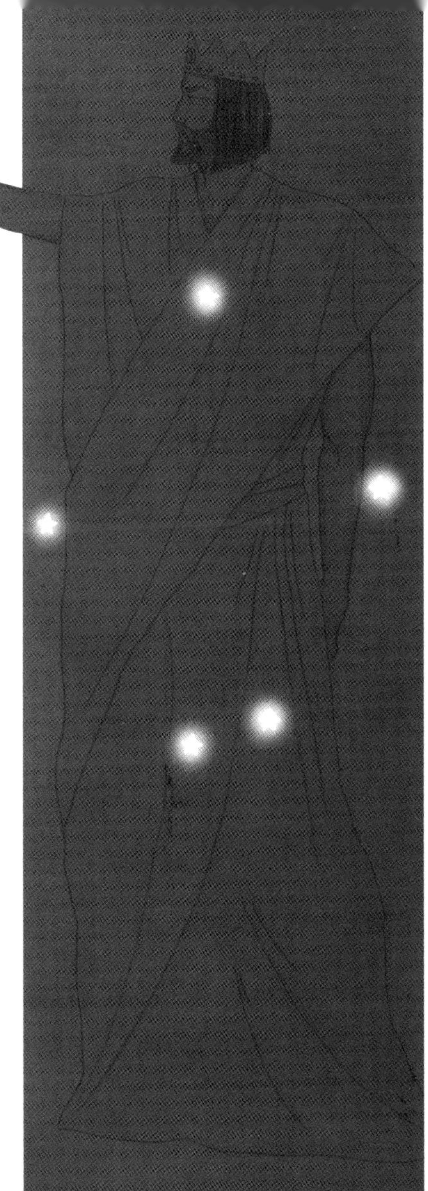

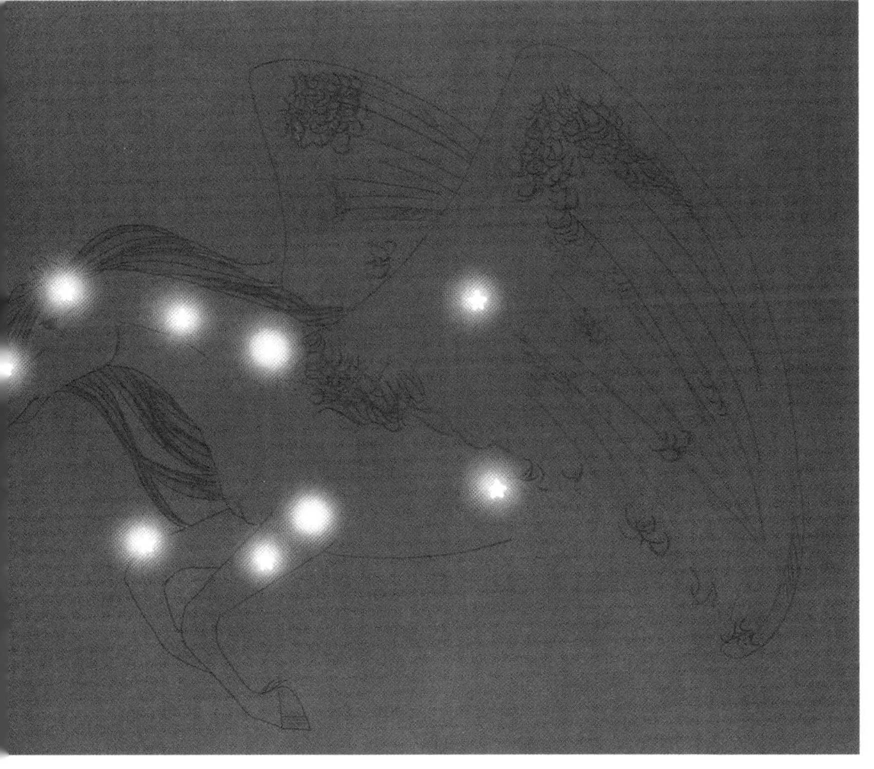

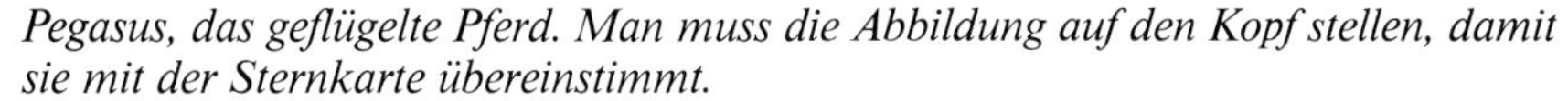

Pegasus, das geflügelte Pferd. Man muss die Abbildung auf den Kopf stellen, damit sie mit der Sternkarte übereinstimmt.

vorbeigeflogen, als er sah, was am Strand passierte. Er rief Andromeda zu, sie solle die Augen schließen, und sie gehorchte. Als das Meeresungeheuer Cetus sich umdrehte und zu Perseus hinaufschaute, zog dieser das Haupt der Medusa hervor und hielt es dem Ungeheuer vor die Augen. Cetus wurde auf der Stelle in Stein verwandelt. Perseus befreite Andromeda und sie verliebten sich ineinander. Sie heirateten und reisten in die Heimat von Perseus, wo sie später König und Königin wurden. Zum Gedenken an diese Geschichte wurden die Namen von Andromeda, Perseus, Pegasus, Kepheus und Cetus als Sternbilder am Himmel verewigt. (Karten Seite 19, 21, und 22.)

Doch Neptuns Hofdamen wollten sich mit diesem Ausgang der Geschichte nicht zufrieden geben. Erneut verlangten sie von Neptun, dass er Kassiopeia bestrafe. Das tat er, indem er sie weit nördlich am Himmel auf einen Stuhl setzte, wo sie für alle Zeiten um Polaris kreisen musste. Einen Großteil des Jahres hängt sie mit dem Kopf nach unten und muss sich am Stuhl festklammern, um nicht herunterzufallen. Und dort schwebt sie immer noch, gemeinsam mit ihrem Mann Kepheus.

Wie du auf der Jahreszeitenkarte für Oktober, November und Dezember sehen kannst (auf der Innenseite des Umschlags hinten), bilden diese Sternbilder eine große Szene am Himmel: Östlich der Andromeda befindet sich Perseus, direkt über ihr ihre Mutter Kassiopeia und nördlich und westlich von ihr ihr Vater Kepheus. Südlich des Pegasus' schwebt Cetus, das Meeresungeheuer.

Diese Sternbilder sind auf den Karten verzeichnet, aber nicht näher beschrieben:

Lateinisch-deutsch	**Kartenseite**
Aquarius – Wassermann	23
Aries – Widder	22
Cepheus – Kepheus	21
Corvus – Rabe	25
Delphinus – Delphin	23
Draco – Drachen	20
Eridanus – Fluß (der Unterwelt)	22 und 29
Hydra – Meeresschlange	26
Lepus – Hase	27
Libra – Waage	25
Ophiocus – Schlangenträger	24
Scorpius – Skorpion	24

Aquila

Der Name des Sternbilds Aquila (Karte Seite 23) bedeutet »der auffliegende Adler«, obwohl es eigentlich wenig Ähnlichkeit mit einem Adler hat. Abgesehen von Altair besteht es nur aus schwach leuchtenden Sternen. Altair (oder Atair) ist ein weißer Riesenstern mit elfmal größerer Leuchtkraft als die der Sonne, der etwa 17 Lichtjahre entfernt ist.

Wenn der Himmel dunkel und klar ist, sieht die Milchstraße im Aquila aus, als würde sie sich zweiteilen. Dieser große »Riss« ist auf gigantische Wolken aus Gas und Staub zurückzuführen, die zwischen den Sternen dahintreiben und die dahinter liegenden Sterne verdecken. Solche Wolken sind sehr wichtig für das Fortbestehen unserer Galaxie, denn sie können sich zu neuen Sternen zusammenklumpen.

Die Astronomen benutzen riesige Parabolantennen, um die Radiostrahlung dieser Wolken zu messen. So können sie die Teile des Milchstraßensystems vermessen, die wir mit normalen Teleskopen nicht mehr sehen. Die Abbildung auf Seite 7 beruht auf Messungen solcher Radioastronomie.

Aquila – Adler

Auriga

»Ei« wäre ein passenderer Name für das Sternbild Auriga, »Fuhrmann«, gewesen, denn dieser Form kommt das Sternbild (Karte Seite 19) am nächsten. Der hellste Stern darin heißt Capella, »Zicklein«, ein gelber Riesenstern von 130mal größerer Leuchtkraft als die der Sonne, der 42 Lichtjahre von uns entfernt ist. Eigentlich besteht Capella aus mindestens vier Sternen, die umeinander kreisen, aber um das zu sehen, braucht man ein sehr starkes Fernrohr. Etwas südlich davon sind zwei schwach leuchtende Sterne, die »Ziegenböckchen« (auf der Karte mit K bezeichnet).

Warum gibt es in Auriga drei »Ziegensterne«?

Gewöhnlich wird Auriga, der Fuhrmann, mit den Zügeln in der rechten Hand dargestellt. Er hat eine ausgewachsene Ziege auf dem Schoß und im linken Arm hält er zwei Ziegenböckchen. Zur Zeit der alten Griechen trug ein Fuhrmann nicht nur die Verantwortung für Pferde und Wagen, sondern auch für die anderen Tiere im Stall, darunter die Ziegen. Möglicherweise soll das Sternbild auch einen besonderen Fuhrmann ehren, einen König, der nach einer griechischen Sage den Pferdewagen erfand, weil er nicht gehen konnte.

Auriga – Fuhrmann

Cancer – Krebs

Cancer

Das Sternbild Cancer, »Krebs«, enthält nur schwache Sterne und bei hellem Himmel erkennt man es kaum. Bezeichnend für Cancer (siehe Karte Seite 26) ist vor allem sein offener Sternhaufen, M 44, auch Praesepe, »Krippe«, genannt. Für die Römer waren die Sterne nördlich und südlich von Praesepe (markiert mit G und D) der nördliche und der südliche Esel. Praesepe diente ihnen auch zur Wettervorhersage: Wenn der Himmel nicht mehr so klar war, dass man den Sternhaufen sehen konnte, wurde das Wetter schlecht. Zu dem Haufen, der 525 Lichtjahre von uns entfernt ist, gehören etwa 200 Sterne.

Canis Major

Von Nordeuropa aus kann man nicht den ganzen Canis Major, den »Großen Hund«, sehen, sondern nur seinen Hauptstern, Sirius, den hellsten Stern am Nachthimmel, der in Helligkeit nur noch von einigen Planeten übertroffen wird. Der Name bedeutet »der Sengende«, weil Sirius im Sommer im gleichen Teil des Himmels steht wie die Sonne. Die Römer meinten, Sirius würde der Sonne mit zusätzlichem Licht »helfen«, dass die Sommer glühend heiß wurden. Und weil sie meinten, die Hunde würden in dieser Jahreszeit von der Hitze verrückt, gaben sie Sirius den Beinamen »Hundsstern«. Besonders schlimm war die Hitze oft zwischen dem 23. Juli und dem 23. August. Noch heute bezeichnet man diese Zeit als »Hundstage«.

Sirius ist ein bläulich-weißer Riesenstern. Seine Leuchtkraft ist 24mal größer als die der Sonne. Er ist etwas mehr als 8½ Lichtjahre entfernt und damit der nächste Stern. Ich finde, er sollte »Silvester-Stern« heißen, denn Sirius steht an Silvester um Mitternacht genau im Süden. Er scheint in allen Regenbogenfarben zu glitzern. Weil der Sirius so knapp über dem Horizont steht, müssen seine Strahlen schräg durch dicke Luftschichten dringen. Dabei werden die Lichtstrahlen von der Luft je nach Farbe unterschiedlich stark gebrochen und das weiße Sternenlicht zerlegt sich in seine Bestandteile.

Canis Major – Großer Hund

Canis Minor

Canis Minor, »Kleiner Hund« (Karte Seite 27), besteht aus zwei Sternen, die sehr hell leuchten. Der hellere der beiden heißt Procyon. Ebenso wie Sirius ist er ein weißer Riesenstern, der nur etwas über 11 Lichtjahre von uns entfernt liegt und die achtfache Leuchtkraft der Sonne besitzt. Der griechische Name bedeutet »Vorhund«, denn Procyon geht stets vor Sirius im Osten auf.

Canis Minor – Kleiner Hund

Cassiopeia

Das Sternbild Cassiopeia ist an seiner schrägen W-Form (Karte Seite 21) leicht zu erkennen. Der hellste Stern in diesem Sternbild ist Schedar, ein orangefarbener Riesenstern mit 150mal größerer Leuchtkraft als die der Sonne, der 120 Lichtjahre von uns entfernt ist. Schedar bedeutet »Brust«, weil dieser Stern im Sternbild die Brust von Königin Kassiopeia markiert.

Cassiopeia liegt mitten in der Milchstraße, so wie viele der schönsten Sternbilder sich in oder direkt neben der Milchstraße befinden. Denn wenn man zur Milchstraße schaut, sieht man in unsere Heimat-Galaxie hinein, in der die Sterne relativ dicht beieinander liegen.

Schaut man jedoch nach links oder rechts, dann wird man dort weniger Sterne sehen. Das kannst du leicht nachprüfen, wenn du die Karte auf Seite 26, auf der nur ein Stückchen Milchstraße ist, mit der Karte auf Seite 27 vergleichst.

Königin Kassiopeia

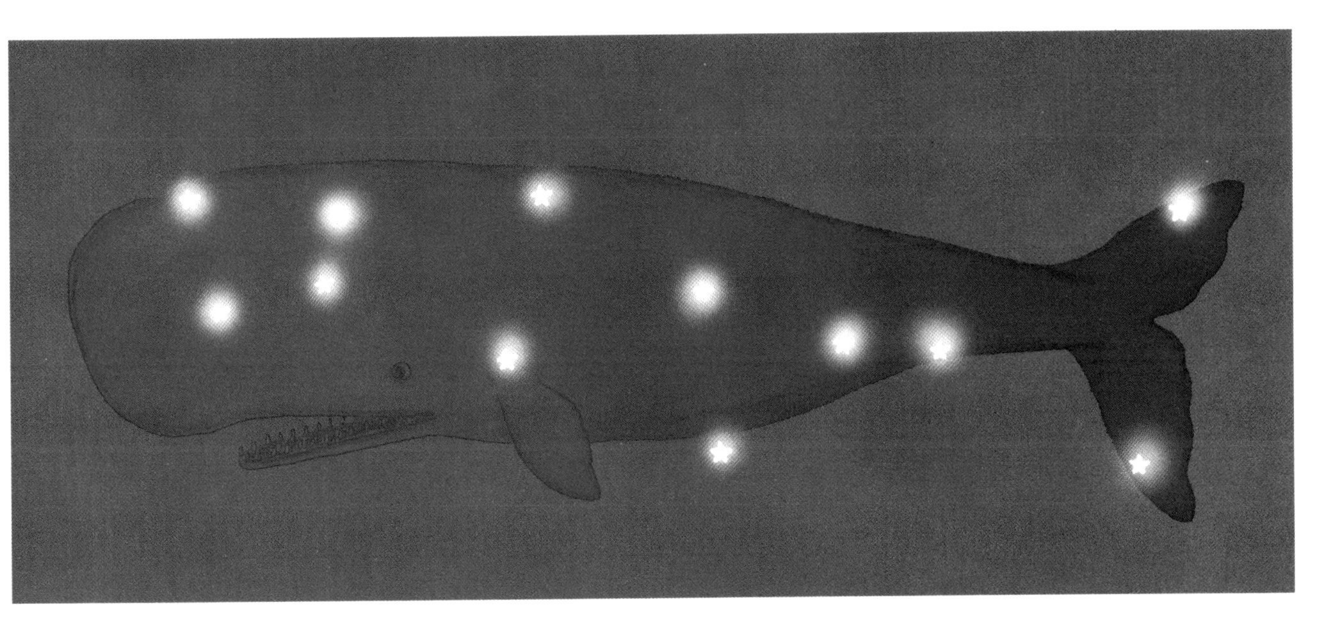

Cetus – Walfisch

Cetus

Wie fast alle Sternbilder in diesem Teil des Himmels, der von der Milchstraße weit entfernt ist, besteht Cetus, »Walfisch« (Karte Seite 22), aus schwach leuchtenden Sternen. Der hellste von ihnen heißt Deneb Kaitos, ein orangefarbener Riesenstern mit 60mal größerer Leuchtkraft als die der Sonne, der etwa 69 Lichtjahre von uns entfernt ist. Der Name bedeutet »Schwanz des Walfisches«.

Der bekannteste Stern im Cetus ist Mira, ein veränderlicher Stern. Innerhalb von 200 Tagen nimmt die Helligkeit von Mira von mag. 3, die man noch mit bloßem Auge sehen kann, auf mag. 9 ab, für die man mindestens ein kleines Fernrohr braucht. Mira wird also für das bloße Auge unsichtbar! Er braucht über 100 Tage, um wieder die maximale Helligkeit zu erreichen. Im Laufe eines Jahres ist Mira deshalb nur für einige Wochen sichtbar. Dieses ungewöhnliche Verhalten veranlasste einen Astronomen des 16. Jahrhunderts dazu, ihm den Namen Mira zu geben, lateinisch »der Wunderbare«.

Mira ist ein Riesenstern, der etwa 220 Lichtjahre von uns entfernt ist. Er wird langsam alt und ist deshalb so aufgebläht und rot geworden. Mira ist so groß, dass er die Erde verschlingen würde, wenn man ihn an die Stelle der Sonne setzte. Die Helligkeit verändert sich, weil Mira sich wie ein Ballon ausdehnt und wieder zusammenzieht. Dass sich Sterne verändern, ist nicht ungewöhnlich, dass sich aber die Helligkeit so sehr verändert wie bei Mira, ist äußerst selten.

Cetus enthält noch einen, allerdings sehr kleinen, Stern, für den sich die Astronomen interessieren: den Stern Tau Ceti, der nur 12 Lichtjahre von uns entfernt ist und zu unseren nächsten Nachbarn im Weltraum gehört. Weil er so sehr der Sonne ähnelt, nimmt man an, dass es um Tau Ceti ein Planetensystem gibt.

Bisher hat zwar niemand um Tau Ceti Planeten gesehen, aber 1995 fanden Astronomen u.a. Planeten um die Sterne in Ursa Major, Cancer, Cygnus und Virgo. Auch dort kann man die Planeten nicht sehen, aber man hat Berechnungen angestellt, nach denen es auf einigen Planeten Wasser gibt – eine spannende Entdeckung, denn Wasser ist die Grundvoraussetzung für die Entstehung von Leben! Die Astronomen planen Riesenfernrohre zu bauen, mit denen man diese Planeten sehen und so vielleicht herausfinden kann, ob es auf ihnen wirklich Leben gibt.

Viele der Sternbilder in diesem Teil des Himmels haben eines mit dem Meeresungeheuer Cetus gemeinsam: Sie haben alle mit »Wasser« zu tun. So finden sich hier Pisces (Fische), Aquarius (Wassermann) und Delphinus (Delphin), und im Osten fließt der Fluß Eridanus. Von diesen Sternbildern ist eigentlich der kleine Delphinus am interessantesten zu betrachten, der auf der Karte Seite 23 verzeichnet ist.

Warum sammelten die Griechen hier so viele Wasser-Sternbilder? Das mag damit zusammenhängen, dass die Sonne immer im Frühling, in der Regenzeit, in diesem Teil des Himmels stand, so dass die Griechen, die wegen der heißen Sommer von einem feuchten Winter und Frühling abhängig waren, ihn mit dem Bild des lebenswichtigen Wassers in Verbindung brachten.

Corona Borealis – Die Nördliche Krone

Corona Borealis

Das ovale, kleine Sternbild Corona Borealis, »Nördliche Krone«, ähnelt tatsächlich einer Krone oder einem Diadem mit einem Diamanten. Der Diamant ist der hellste Stern und heißt auf arabisch Alphekka, »Bettlerschüssel mit gezacktem Rand« (Karte Seite 24), ein weißer Riesenstern mit 64mal größerer Leuchtkraft als die der Sonne und etwa 78 Lichtjahre von uns entfernt.

Cygnus

Cygnus (Karte Seite 20/21), der »Schwan«, auch »Kreuz des Nordens« genannt, hat die schönste Lage aller Sternbilder mitten in den offenen Sternhaufen der Milchstraße. Es gehört nicht viel Phantasie dazu, sich einen eleganten Vogel mit langgestrecktem Hals vorzustellen. Der Stern Deneb bildet das Schwanzende, Albireo den Kopf und Sadr die Flügelansätze. Deneb, der »Schwanz«, ist der hellste Stern in diesem Sternbild. Obwohl er über 1800 Lichtjahre von uns entfernt ist, gehört er zu den hellsten am Himmel. Seine Leuchtkraft ist 86000mal größer als die der Sonne und er zählt zu den größten Riesensternen, die die Astronomen kennen.

Cygnus – Schwan

Die Sage von Cygnus

Nach der Sage war Cygnus der beste Freund von Phaeton, dem Sohn des Sonnengottes Helios. Eines Tages bat Phaeton seinen Vater ihm seinen Sonnenwagen zu leihen, mit dem er immer über den Himmel fuhr und es Tag werden ließ. Die Pferde, die das Gefährt zogen, waren schwer zu lenken. Helios war deshalb zunächst nicht von dieser Idee begeistert, aber Phaeton bat und bettelte, und schließlich gab der Vater nach.

Vom ersten Moment an ging alles schief. Kaum hatten die Pferde gemerkt, dass nicht der erfahrene Helios die Zügel führte, da fielen sie in einen wilden Galopp. Sie rasten mit dem Sonnenwagen so weit hinunter, dass die Erde verbrannte und die Meere verdampften. Dann preschten sie hinauf zum Himmel, so hoch hinauf, dass der Sonnenwagen eine lange Spur im Himmelsgewölbe hinterließ, die heute noch nachts zu sehen ist: die Milchstraße. Die Götter wurden zornig angesichts dieser Zerstörungen und Jupiter sah ein, dass er die wilde Fahrt stoppen musste. Er schleuderte einen Blitz auf Phaeton, der auf der Stelle tot war und aus dem Wagen in den Fluß Eridanus fiel.

Die Griechen glaubten, dass ein Toter, dessen Körper nicht begraben wurde, als Geist herumwanderte. Deshalb versuchte Phaetons Freund Cygnus im Eridanus nach dem Körper zu tauchen. Um ihm dabei zu helfen, verwandelte Jupiter ihn in einen Schwan. Es ist nicht geklärt, ob der Schwan Phaetons toten Körper wirklich fand, jedenfalls bestimmte Jupiter, dass der treue Freund einen Platz am Sternenhimmel erhalten sollte, mitten in der Milchstraße, die Phaeton auf so unglückliche Weise geschaffen hatte.

Gemini – Zwillinge

Gemini

Gemini, »Zwillinge« (Karte Seite 27), erhielten ihren Namen von den »Zwillingssternen« Castor und Pollux. An keiner anderen Stelle sieht man zwei helle Sterne so nahe beieinander, und die Römer, die Griechen und die Araber haben sie jeweils mit Zwillingsbrüdern in verschiedenen Mythen verbunden. Pollux ist der hellere der beiden, ein gelb-orangefarbener Riesenstern (37mal größere Leuchtkraft als die Sonne), 36 Lichtjahre von uns entfernt. Castor besteht eigentlich aus sechs Sternen, die sich in Bahnen umeinander bewegen, 46 Lichtjahre von uns entfernt.

Hercules

Hercules (Karte Seite 20 und 24) ist ein großes, allerdings oft nur schwach erkennbares Sternbild. Der hellste Stern in diesem Bild heißt Kornephoros, ein gelbweißer Riesenstern, der 105 Lichtjahre von uns entfernt ist. Der Name des Sterns bedeutet im Griechischen »Keulen-Träger« und manchmal wird auch das ganze Sternbild so genannt. Der bekannteste Stern in diesem Sternbild ist Ras Algethi, was auf Arabisch »Kopf des Knieenden« bedeutet. Du wirst diese Sterne auf verschiedenen Karten finden, denn Hercules liegt so am Himmel, dass er auf zwei Karten verteilt ist.

Hercules stellt selbst bei besten Sichtbedingungen deine Sehkraft auf die Probe. Direkt südlich des mit E markierten Sternes liegt nämlich der Kugelsternhaufen M 13, der mehrere Millionen Sterne enthält, aber so weit von uns entfernt ist – mindestens 25 000 Lichtjahre – dass wir ihn ohne Fernrohr nur als schwachen Nebelfleck sehen.

Der große Held Herkules. Die Abbildung muss auf den Kopf gestellt werden, damit sie mit der Sternkarte übereinstimmt.

Herkules – der größte aller Helden

Herkules ist der bekannteste der griechischen Helden. Er war der Sohn von Jupiter und einer Sterblichen und zeigte schon als ganz kleines Kind ungeheure Kräfte. Als Juno, die Ehefrau von Jupiter, ihn stillen wollte, saugte Herkules so kräftig an ihrer Brust, dass ein Teil der Milch über den Himmel spritzte. Das ist eine andere Erklärung für die Entstehung der Milchstraße und daher hat sie ihren Namen bekommen. Auch das Wort Galaxie ist von dem griechischen Wort für Milch, ›gala‹, abgeleitet.

Natürlich wurde Juno eifersüchtig auf den Sohn, den Jupiter mit einer irdischen Frau bekommen hatte, und sie schwor, sich an Herkules zu rächen. Nachdem dieser selbst geheiratet und Kinder bekommen hatte, verwirrte Juno seinen Geist, so dass er seine ganze Familie tötete. Um diese Untat zu sühnen, wurden ihm zwölf Prüfungen auferlegt, deren Durchführung unmöglich schien. Unter anderem sollte er mehrere Ungeheuer töten, denen noch niemand lebend entkommen war. Darunter waren der nemeische Löwe, der ein so dickes Fell hatte, dass keine Waffe hindurchdringen konnte, und die neunköpfige Wasserschlange Hydra, der sofort zwei neue Köpfe nachwuchsen, wenn Herkules einen abschlug. Während des furchtbaren Kampfes schickte Juno einen Krebs, um Herkules abzulenken, den dieser aber rasch mit dem Fuß zertrat. Sowohl der Löwe (Leo) als auch die Hydra und der Krebs (Cancer) finden sich am Himmel als Sternbilder wieder.

Bei der siebten Prüfung wurde von Herkules verlangt, dass er an einem einzigen Tag den Stall des Königs Augias säuberte, in dem seit vielen Jahren 3000 Kühe gestanden hatten, ohne dass jemals

Leo – Löwe

ausgemistet worden wäre. Herkules löste die Aufgabe, indem er zwei Flüsse umleitete und damit den Dreck aus dem Stall schwemmte. Einer dieser Flüsse war Eridanus. Am Ende hatte Herkules alle Aufgaben erfüllt und Jupiter gab ihm zur Belohnung einen Platz am Sternenhimmel.

Lyra – Leier
▼

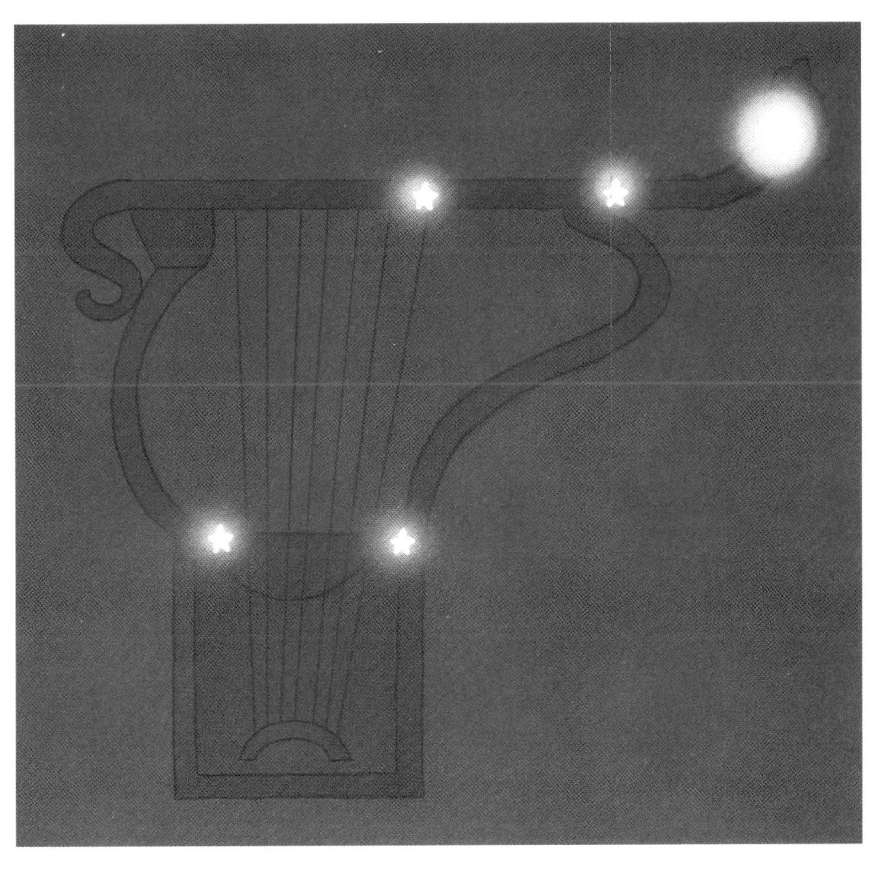

Leo

Im Sternbild Leo, »Löwe« (Karte Seite 26), kann man sich mit etwas Phantasie tatsächlich einen liegenden Löwen vorstellen. Und weil der Löwe oft als »König der Tiere« bezeichnet wird, bekam der hellste Stern des Sternbildes den Namen Regulus, »der kleine König«. Regulus ist ein bläulich-weißer Riesenstern (170fache Leuchtkraft der Sonne), seine Entfernung zur Erde beträgt etwa 85 Lichtjahre.

Der Schwanz des Löwen wurde zu einem anderen Sternbild, zu Coma Berenices, »Haar der Berenike«. Berenike II. war über 200 Jahre vor Christus die Königin Ägyptens und das Sternbild wurde ihr zu Ehren im Jahre 1602 »geschaffen«. Es ist eigentlich ein offener Sternhaufen und in einer dunklen Nacht sieht man viele schwach leuchtende Sterne in dem Bereich, der auf der Karte Seite 25 mit Coma Berenices markiert ist. Durch starke Fernrohre kann man hier auch viele schwache Galaxien sehen, die einen Haufen, den Coma-Haufen, bilden, der 250 Lichtjahre von uns entfernt ist.

Lyra

Unter diesem kleinen Sternbild (Karte Seite 20) hat man sich eine Lyra, ein altes Saiteninstrument, eine Art Harfe, vorgestellt. Die Lyra enthält mit Vega den vierthellsten Stern des Himmels, einen weißen Riesenstern. Seine Leuchtkraft ist 58mal stärker als die der Sonne und er ist nur 27 Lichtjahre von uns entfernt. Vega bedeutet im Arabischen »der herabstürzende Adler«. Zusammen mit Deneb im Sternbild Cygnus und Altair im Sternbild Aquila bildet Vega das sogenannte »Sommerdreieck«, das man im August vor Mitternacht hoch am Himmel im Süden sieht. Du findest es auf der Jahreszeitenkarte für den Sommer.

Orion

Orion (Karte Seite 27) gehört zu den schönsten Sternbildern am Himmel. In keinem anderen gibt es so viele hell leuchtende Sterne: von den 22 hellsten Sternen, die man von Nordeuropa aus sehen kann, findet man fünf allein im Orion. Es ist leicht zu erkennen, dass das Sternbild den Körper eines kräftigen Mannes darstellt. Um den Leib trägt er einen Gürtel mit einem Schwert. Er hält den Schild schützend vor sich und hat die Keule zum Schlag erhoben. Auf der ganzen Welt haben die Menschen um dieses Sternbild ihre Mythen gesponnen.

Der hellste Stern im Orion heißt Rigel, »Fuß«, ein junger, bläulich-weißer Überriese. Rigel liegt mindestens 900 Lichtjahre entfernt und seine Leuchtkraft ist rund 60000mal größer als die der Sonne. Damit ist Rigel einer der hellsten Sterne der Milchstraße. Zusammen mit fast allen hellen Sternen in diesem Sternbild gehört Rigel zur »Orion-Gruppe«, einem Haufen junger Riesensterne, die wahrscheinlich zur gleichen Zeit entstanden sind.

Betelgeuse oder Beteigeuze, »Schulter«, ist der zweithellste Stern im Orion. Er hat seinen Brennstoff beinahe aufgebraucht und ist deshalb gewaltig angeschwollen und orangerot. Betelgeuse liegt 310 Lichtjahre von uns entfernt. Bei einem Vergleich zwischen dem orangefarbenen Betelgeuse und dem bläulich-weißen Rigel kannst du ausprobieren, ob du die unterschiedlichen Sternfarben erkennen kannst. Offensichtlich fällt es einigen Menschen leichter Sternfarben zu sehen als anderen.

Der berühmte Gürtel des Orion wird von den drei Sternen Alnitak (links), Alnilam (Mitte) und Mintaka (rechts) gebildet. Sie gehören ebenfalls der Orion-Gruppe an, sind also junge, bläulich-weiße Überriesen. Unterhalb von Alnilam hängt das »Schwert«, das aus schwächeren Sternen besteht. In der Schwertspitze liegt der berühmte Sternnebel M 42. Du brauchst sehr gute Sichtverhältnisse, um das schwache Glühen dieses Nebels zu erkennen. Der Orion-Nebel besteht aus gewaltigen Gaswolken, in denen neue Sterne geboren werden und den Gasnebel zum Leuchten bringen.

Der gefährliche Jäger Orion

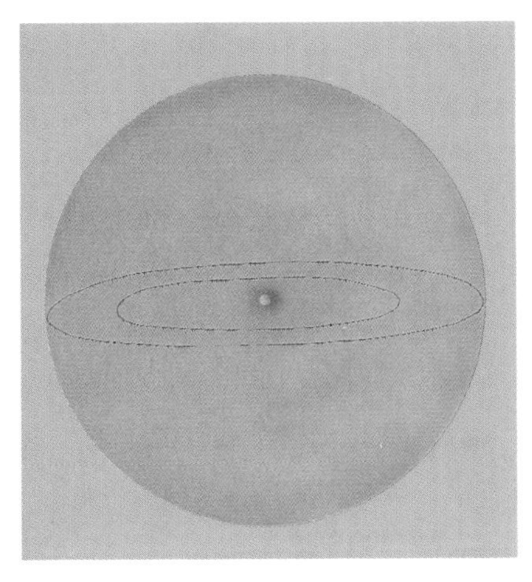

Diese Abbildung zeigt, wie gigantisch Betelgeuse ist. Auf dem roten Riesenstern sind die Bahnen von Erde und Mars eingezeichnet. Die Erdoberfläche würde verbrennen, wenn Betelgeuse sich an der gleichen Stelle wie die Sonne befände.

Die Sage von Orion, dem großen Jäger

Orion war der Sohn des Meeresgottes Neptun, ein ungewöhnlich starker und schöner Mann und begeisterter Jäger. Er prahlte oft, dass er es mit jedem Tier aufnehmen könne, und einmal drohte er, er würde alle Tiere auf der Erde töten. Als Tellus, die Göttin der Erde, davon hörte, wurde sie wütend. Um den gefährlichen Orion aus dem Weg zu räumen, schickte sie einen kleinen, giftigen Skorpion. Eines Tages, als Orion auf der Jagd war, biss ihn der Skorpion in die Ferse und der Jäger starb. Sowohl Orion als auch der Skorpion erhielten zur Erinnerung einen Platz am Himmel. Leider steht sein Sternbild so weit südlich am Himmel, dass es von Mitteleuropa aus nur kurz im Frühjahr zu sehen ist. In dieser Zeit kann man das rote Herz des Skorpions – den alten Riesenstern Antares, »Gegenmars« – sehen. Er steht im Süden über dem Horizont.

Um Orion herum finden sich viele Andenken an sein Wirken als gefürchteter Jäger. Links von ihm sieht man die beiden treuen Hunde, Großer und Kleiner Hund. Unter ihm sitzt versteckt Lepus, der kleine Hase. Und rechts von ihm weicht Taurus, der Stier, nach Westen zurück. Sein spitzes Horn ist auf Orion gerichtet, als wolle er die Plejaden, »die sieben Schwestern«, beschützen. Diesen Beinamen hat der Sternhaufen der Plejaden (mehr darüber unter »Taurus«) nach sieben jungen, schönen Schwestern bekommen, die sich am liebsten draußen im Wald aufhielten. Eines Tages erschien Orion. Als die Schwestern den grimmigen Jäger erblickten, flohen sie erschreckt. Orion verfolgte sie und war ihnen schon gefährlich nahe. Da baten die Schwestern Jupiter um Hilfe und er verwandelte sie in sieben Tauben, die so hoch flogen, dass sie am Sternenhimmel landeten. Aber sogar dort verfolgt Orion sie in jeder Winternacht.

Auf diesem Foto sieht man den Orionnebel als kleinen, roten Fleck unter dem Gürtel des Orion. Mit bloßem Auge erscheint der Orionnebel allerdings farblos, da das Auge Licht anders aufnimmt als der Film.

Perseus

Mirfak ist der hellste Stern im Sternbild Perseus (Karte Seite 19). Es handelt sich um einen weißen Riesenstern (über 6000mal heller als die Sonne), der 600 Lichtjahre von uns entfernt ist. Mirfak bedeutet »Ellbogen«.

Der bekannteste Stern im Perseus ist Algol, der sich auf der Karte direkt unter Mirfak befindet. Der Name bedeutet »Kopf der Gul« (= ein arabischer Dämon), weil der Stern das Auge der dämonischen Medusa darstellt, die Perseus der Sage nach tötete. Den Griechen und Arabern war vielleicht auch aufgefallen, dass Algol in großen Abständen blinkt, was sie noch mehr von seinen unheimlichen Kräften überzeugte. Etwa alle drei Tage nimmt die Helligkeit von mag. 2 auf mag. $3^1/_2$ ab. Dann leuchtet Algol einige Stunden nur schwach, bis er wieder so hell wird wie vorher. Wenn Algol genauso schwach leuchtet wie der mit R bezeichnete Stern genau südlich von ihm, hat er sein Minimum erreicht.

Algols Helligkeit ändert sich, weil er eigentlich aus zwei Riesensternen besteht, die einander umkreisen, wie die Abbildung rechts zeigt. Ungefähr an jedem dritten Tag stehen sie direkt hintereinander, so dass der hintere Stern durch den vorderen teilweise verdeckt wird, wodurch sie insgesamt schwächer leuchten. Sterne wie Algol nennt man deshalb auch »Bedeckungsveränderliche«. Das Algol-System ist 80 Lichtjahre von uns entfernt.

Bei klarem Himmel und dunkler Umgebung kann man zwischen Algol und Alamak im Andromeda den Sternhaufen M 34 als schwachen, grauen Fleck erkennen. M 34 ist eine kleine Gruppe von jungen Riesensternen, die

Der Held Perseus

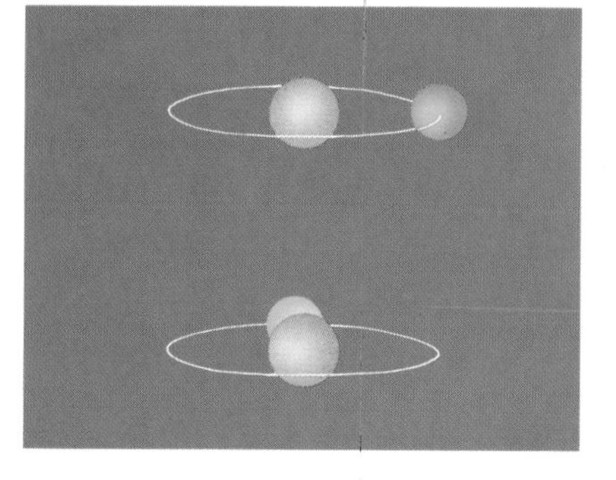

Algols Helligkeit ändert sich, weil sich zwei Sterne gegenseitig bedecken und damit insgesamt schwächer leuchten. Wie auf der oberen Abbildung sieht man ihn, wenn er am hellsten leuchtet. Man sieht das Licht von beiden Sternen. Wenn, wie darunter gezeigt, der eine Stern den anderen bedeckt, sieht man eigentlich nur das Licht des vorderen Sterns und Algol erscheint dunkler.

»nur« 100 Millionen Jahre alt sind und 1400 Lichtjahre von der Erde entfernt. Auch um den »Doppelsternhaufen« zwischen Perseus und Cassiopeia zu sehen, braucht man gute Sichtverhältnisse. Er besteht aus zwei Gruppen von jungen Riesensternen, die zwischen 7000 und 8000 Lichtjahren von uns entfernt sind.

Taurus

Der hellste Stern im Sternbild Taurus, »Stier« (Karte Seite 27), heißt Aldebaran und ist ein orangeroter Riesenstern, der 69 Lichtjahre von uns entfernt ist. Sein Name bedeutet »der Nachfolgende«, weil er den Plejaden folgt. Die Plejaden, »die sieben Schwestern«, denen Orion in der Sage nachstellte, sind das bekannteste Beispiel für einen offenen Sternhaufen. Man kann ihn eigentlich gar nicht übersehen, er funkelt rechts über Aldebaran. Die Plejaden sind nur 20 Millionen Jahre alt, also verhältnismäßig jung, und sind 400 Lichtjahre von uns entfernt.

Tausende von Jahren haben die Menschen auf der ganzen Welt die Plejaden verehrt, wobei sie sich dabei entweder eine Schar Menschen oder Tiere vorstellten. In Europa wurde dieser Sternhaufen »Gluckhenne« oder »Kuckucksgestirn« genannt, bekannt ist neben der griechischen Bezeichnung für »Sieben Schwestern« auch »Siebengestirn«. Dabei umfassen die Plejaden mehr als sieben Sterne. Wenn man genau hinschaut, wird man bei guten Sichtverhältnissen vielleicht fünf bis sechs Plejaden erkennen.

Es gibt noch einen anderen offenen Sternhaufen im Taurus: die Hyaden, die rechter Hand von Aldebaran liegen und eine Art V-Form bilden. Aldebaran gehört selbst nicht zu den Hyaden, die mit ihren 400 Millionen Jahren zu den alten Sternhaufen zählen.

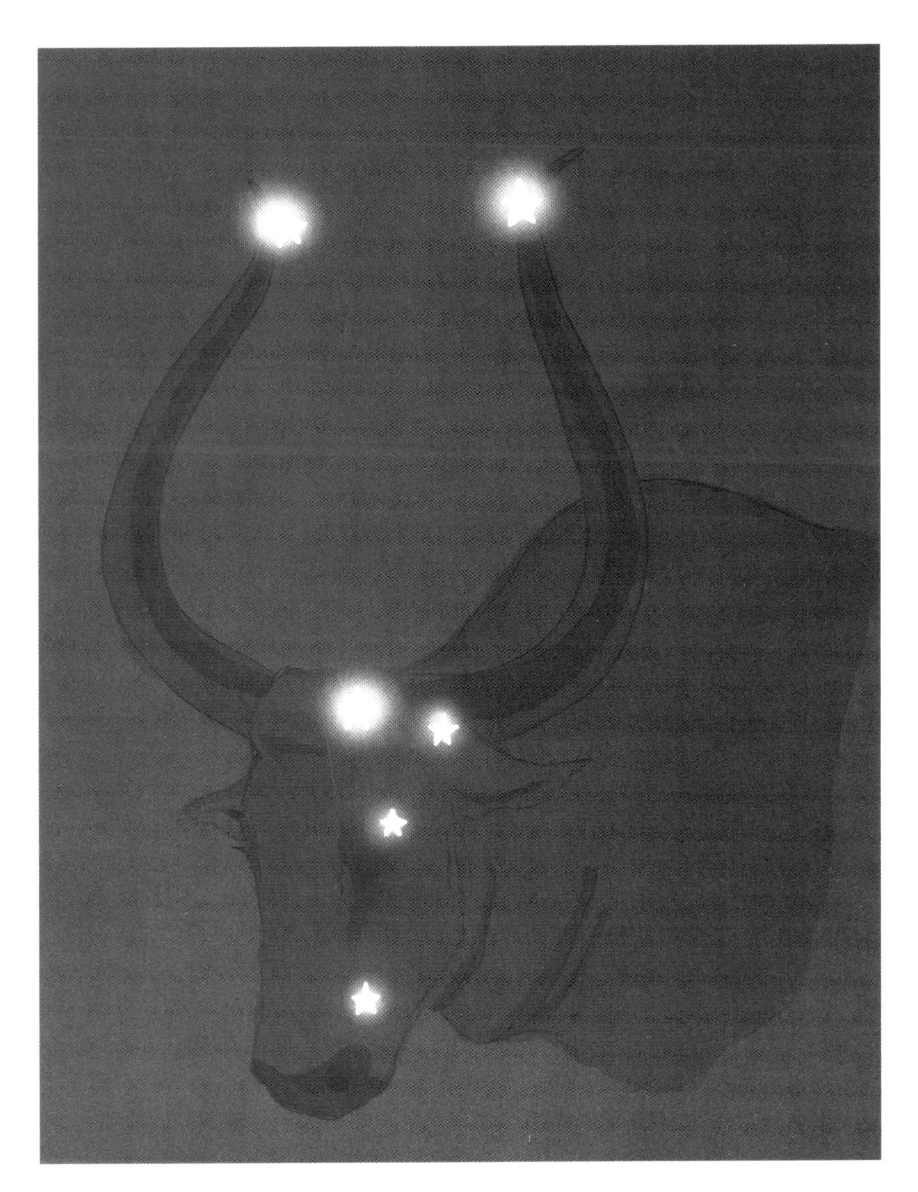

Taurus – Stier

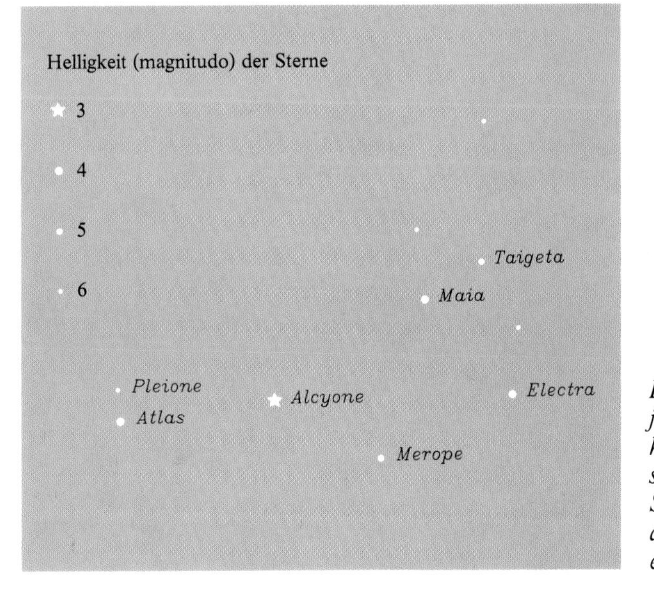

Diese Karte der Plejaden zeigt die zehn hellsten der insgesamt 500 Sterne des Sternhaufens. Viele der Plejaden haben eigene Namen.

Ursa Major – Großer Bär

Ursa Major

Ursa Major, der »Große Bär« (Karte Seite 18), ist sicher das bekannteste aller Sternbilder und in vielen Völkern ranken sich Mythen um diese Konstellation. Der hellste Stern im Großen Bären heißt Dubhe. Der Name ist eine Zusammenziehung des arabischen Ausdrucks für »Rücken des großen Bären«. Dubhe ist ein gelber Riesenstern, der 145mal heller als die Sonne leuchtet und etwas über 100 Lichtjahre von uns entfernt ist. Zusammen mit dem Stern Merak weist Dubhe auf den Polarstern (Polaris).

Das Sternpaar Mizar und Alkor ist seit Tausenden von Jahren benutzt worden, um zu testen, wie gut jemand sieht. Die beiden stehen so dicht nebeneinander, dass man sie lange Zeit für einen Doppelstern hielt. Inzwischen wissen wir, dass sie einander nicht umkreisen, vielmehr haben sowohl Alkor als auch Mizar andere Sterne, die sich in Bahnen um sie bewegen, man kann sie jedoch nur mit einem Fernrohr erkennen.

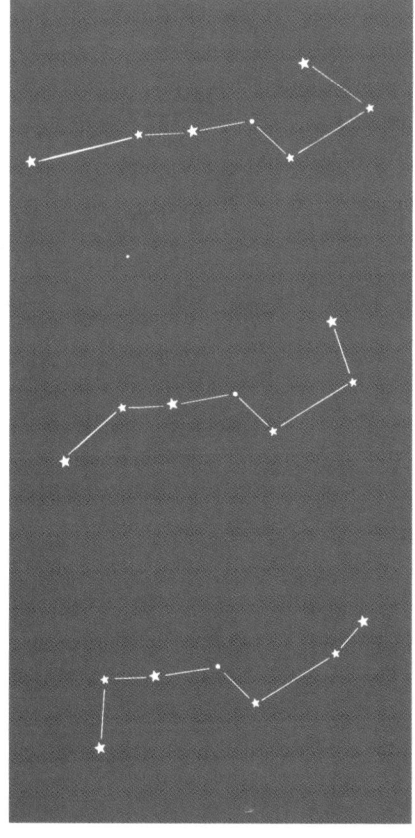

Der Große Wagen, 50000 Jahre v. Chr. (oben), heute (Mitte) und in 50000 Jahren (unten).

Die sieben hellsten Sterne im Ursa major sind als »Großer Wagen« oder auch »Himmelswagen« bekannt.

Alle Sterne bewegen sich in großen Bahnen um das Zentrum unserer Galaxie. Weil sie sich nicht alle in exakt der gleichen Richtung bewegen, kommt es zu Verzögerungen untereinander. Das führt dazu, dass die Sternbilder, die es heute noch gibt, sich allmählich verändern und schließlich ganz verschwinden werden. Obwohl sich die Sterne schnell durch den Weltraum bewegen und viele Kilometer in der Sekunde zurücklegen, sind sie so weit entfernt, dass es Zehntausende von Jahren dauert, ehe sich ein Sternbild auflöst und eine neue Konstellation am Himmel bildet.

Der Große Wagen wird sich langsamer verändern als viele der anderen Sternbilder, weil mehrere seiner Sterne einem Sternhaufen angehören, der sich in ein und dieselbe Richtung bewegt. Die Abbildung links zeigt, wie der Große Wagen vor 50000 Jahren aussah und wie er, verglichen mit seinem heutigen Aussehen, in 50000 Jahren aussehen wird. Fünf der Sterne bleiben die ganze Zeit fast unverändert, während Alkaid und Dubhe in ihrer eigenen Richtung vom Sternhaufen wegdriften.

Waren unsere frühesten Vorfahren vor 50000 Jahren schon genauso an den Sternen interessiert wie wir heute? Vor vielen Jahren fand ein französischer Archäologe mehrere Amulette aus Stein, auf denen ein merkwürdiges Muster eingeritzt war und deren Alter er auf etwa 40000 Jahre schätzte. Das Rätsel löste sich, als er auf die Berechnungen der Astronomen über die Gestalt des Großen Wagens vor 40000 Jahren stieß: Kein Zweifel – auf dem Amulett war genau dieses Sternbild eingeritzt, sogar Mizar und Alkor waren dabei!

Es wäre interessant zu wissen, was sich die Menschen einst unter dem Großen Wagen vorgestellt hatten. Sahen sie darin einen Bären? Die Steinzeitmenschen hatten viel mit Bären zu tun, nicht zuletzt mit dem großen Höhlenbären, der mittlerweile ausgestorben ist. Auch viele Indianerstämme, unter anderem der Stamm der Cherokee, stellten sich die vier Sterne im Viereck als einen Bären vor, während die Sterne der »Deichsel« drei Jäger waren. Es ist merkwürdig, dass dieses Sterngebilde, das im Grunde keine Ähnlichkeit mit einem Bären hat, in völlig verschiedenen Erdteilen denselben Namen bekommen hat. Vielleicht ist das Sternbild Großer Bär schon so alt, daß die Indianer es »mitgenommen« haben, als sie vor Zehntausenden von Jahren in Amerika einwanderten?

Und wenn man weiter in die Zukunft denkt, fragt man sich, wer wohl in 50000 Jahren den verzerrten Großen Wagen betrachten wird.

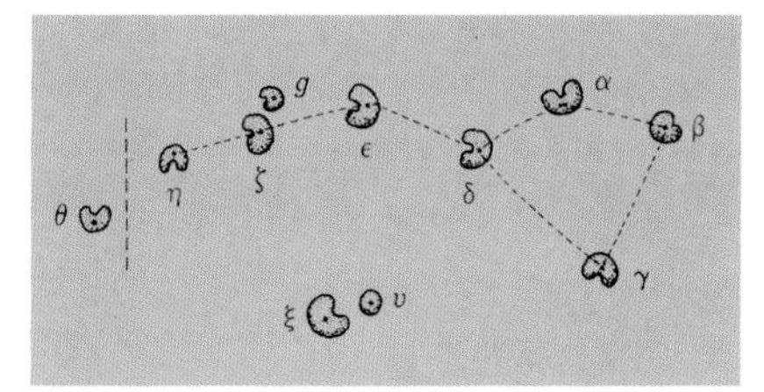

Ein 40000 Jahre altes Stein-Amulett mit einer Zeichnung des Großen Wagens. Erkennst du die Form wieder?

Der Bärenhüter Bootes

Großer und Kleiner Bär – eine Familientragödie

In der Sage über den Großen Bären spielt wieder der untreue Jupiter eine Rolle. Er verliebte sich in eine Frau namens Kallisto und bekam mit ihr einen Sohn, den sie Arkas nannten. Jupiters Ehefrau übte auf raffinierte Weise Rache: Sie verwandelte Kallisto in eine Bärin. Arkas wuchs zu einem kräftigen jungen Mann heran, der gerne auf die Jagd ging. Eines Tages erblickte er im Wald einen großen Bären. Ohne zu ahnen, dass er seine eigene Mutter vor sich hatte, hätte er sie mit seinem Speer getötet, wenn nicht Jupiter eingegriffen und Kallisto gerettet hätte, indem er Arkas in einen Bären verwandelte. Dann packte Jupiter die beiden Bären am Schwanz und zog sie hinauf zum Sternenhimmel. Durch ihr Gewicht wurden dabei ihre Schwänze in die Länge gezogen, und deshalb werden Kallisto und Arkas, der Große und der Kleine Bär, auf den Sternkarten immer mit langen Schwänzen gezeichnet.

Doch die beiden Bären sind nicht allein dort oben beim Polarstern (Polaris). Sie werden von dem Bärenhüter Bootes verfolgt, der in der rechten Hand einen Speer hält, mit dem er die Bären bedroht, und in der linken Hand das Halsband für zwei Jagdhunde.

Der hellste Stern im Sternbild Bootes ist Arktur, ein gelber Riesenstern mit 115mal größerer Leuchtkraft als die der Sonne und 37 Lichtjahre von uns entfernt.

Bootes wird auf den Karten geteilt, du findest seine obere Hälfte auf Seite 20, während die untere Körperhälfte mit Arktur auf Seite 25 zu sehen ist.

Ursa Minor

Das Sternbild Ursa Minor, »Kleiner Bär« (Karte Seite 20), ist vor allem wegen seines hellsten Sterns bekannt, dem Polarstern Polaris. Der Polarstern ist ein gelbweißer Riesenstern mit mindestens 1600mal größerer Leuchtkraft als die Sonne und einer Entfernung von über 300 Lichtjahren.

Seit einigen Hundert Jahren meinen die Menschen, dass Polaris am nördlichen Himmelspol stillzustehen scheint. Da sich aber die Erdachse langsam in einem großen Kreis bewegt und stets auf neue Polsterne zeigt, war Polaris nicht immer der Polstern. Diese große Kreisbewegung wird Präzession genannt und dauert etwa 26000 Jahre. Vor 5000 Jahren war der Stern Thuban aus dem Bild des Drachen (Draconis) der Polstern und in 13000 Jahren wird es Vega im Sternbild Lyra sein. In 26000 Jahren dann wird die Erdachse wieder zum Polarstern (Polaris) zurückkehren, der erneut die Nordrichtung anzeigen wird. Die Präzession entsteht, weil die Schwerkraft des Mondes und der Sonne an der Erde ziehen, so dass diese ein wenig »schlingert«. Auch wenn niemand lange genug lebt, um die Bewegungen der Sterne im All zu sehen (z.B. die Veränderung des Großen Wagens), wissen wir, dass sich nichts im Universum im Zustand der Ruhe befindet.

Ursa Minor – Kleiner Bär

Virgo – Jungfrau ▼

Virgo

Virgo, »Jungfrau« (Karte Seite 25), gehört zu den größten Sternbildern am Himmel, allerdings auch zu den unauffälligen. Virgo steht gewöhnlich niedrig am Südhimmel, wo die Luft meistens unklar und diesig ist. Deshalb sieht man meist nur Spica, den hellsten Stern des Sternbildes. Es handelt sich um einen bläulich-weißen Riesenstern, der 2300mal heller leuchtet als die Sonne und etwa 275 Lichtjahre von uns entfernt ist. Das Sternbild Virgo soll Ceres, die Göttin des Ackerbaus, darstellen.

Spica bedeutet »Kornähre« und soll die Ähre sein, die Ceres in der linken Hand hält; in der rechten Hand hält sie ein Palmenblatt.

Die Sterndeutung der Samen

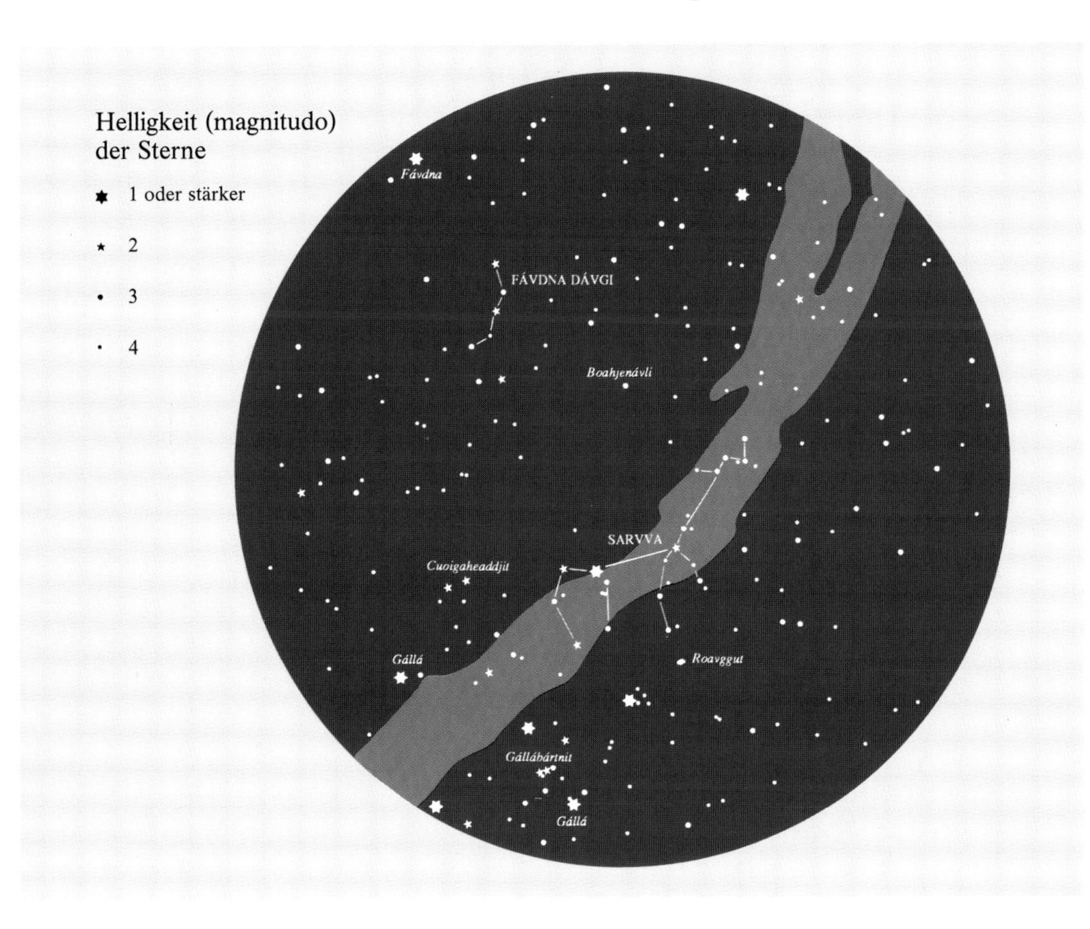

Die Karte des samischen Sternenhimmels zeigt den ganzen Himmel um Mitternacht im Januar, denn da sind alle bekannten samischen Sterne sichtbar. Diese Karte ist von der gleichen Art wie die Übersichtskarten am Anfang und am Ende des Buchs und für die Anwendung gelten die gleichen Regeln. Die Namen auf der Karte sind nordsamisch.

Das wichtigste Sternbild der Samen ist Sarvva – der Elch. Es ist ein sehr großes Sternbild; der hintere Teil besteht aus Sternen im Auriga, der vordere Teil aus Perseus und die Schaufelspitzen des Geweihs aus Cassiopeia. Viele Samen leben von der Rentierzucht und das Rentier ist für dieses Nomadenvolk immer wichtig gewesen. Warum aber gaben die Samen dem Elch einen Platz am Himmel? Wahrscheinlich ist Sarvva ein sehr altes Sternbild noch aus der Steinzeit, als Elche und die Elchjagd im Norden noch viel verbreiteter waren. Möglicherweise haben die Samen das Sternbild »mitgebracht«, als sie von Osten her in das Land einwanderten.

Sarvva wird am Himmel von dem Jäger Fávdna verfolgt, symbolisiert von dem Stern, den wir Arktus nennen. Fávdna hat einen Bogen, Fávdna Dávgi, mit dem er auf Sarvva schießt. Sein Bogen ist ein Teil des Großen Wagens. An der Jagd sind fünf Menschen beteiligt: die drei Söhne des Jägers Gállá - Gállábártnit (= Gürtel des Orion) und zwei Skiläufer – Cuoigaheaddjit (= Castor und Pollux). Gállá könnte dem Stern Procyon im Kleinen Hund entsprechen oder Rigel im Orion.

Die Plejaden waren bei den Samen eine alte Frau, gefolgt von einem Rudel Hunde, die auf den Elch zulaufen, und wurden manchmal als Roavggut »Kälberherde« bezeichnet. Ähnlich wie viele andere nördliche Völker nahmen die Samen an, dass die Plejaden das Wetter beeinflussten; sobald sie sich am Himmel zeigten, musste man mit Kälte rechnen. Sie dienten auch dazu die Zeit zu messen. An einigen Orten wurden beispielsweise die Tiere gemolken, wenn die Plejaden an einer bestimmten Stelle am Himmel standen. Auch das Sternbild wurde zur Zeitmessung verwendet. Sarvva läuft mitten auf

Sterne und Sternbilder kann man als »Uhren« benutzen. Das Sternbild Sarvva beispielsweise wird im Winter früh am Abend direkt über den Köpfen der Samen stehen, während es spät nachts tief im Norden steht. Von November bis Februar, während der langen Polarnacht im Land der Samen, sind den ganzen Tag helle Sterne zu sehen, die die Sonne als Zeitmesser ersetzen können.

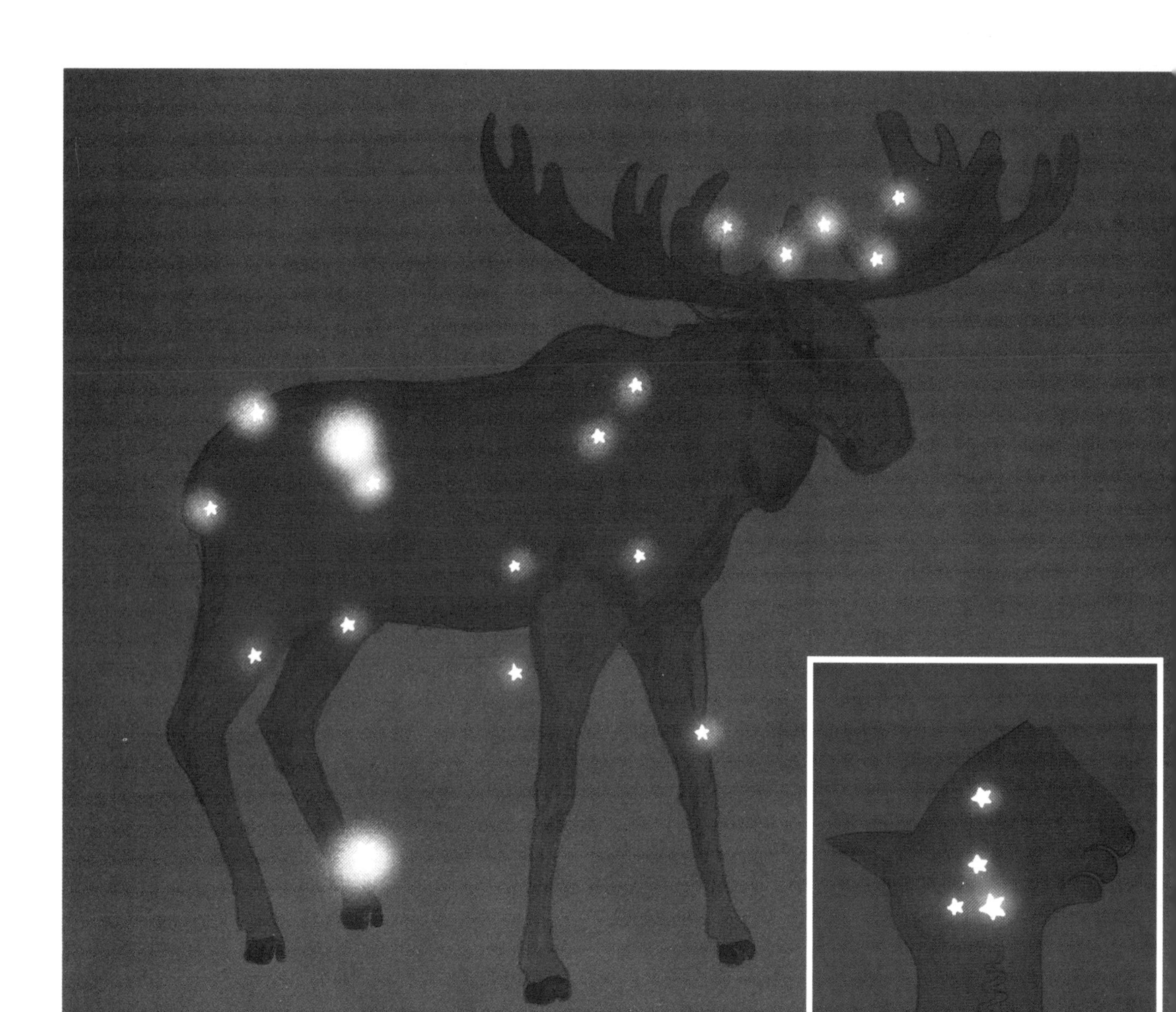

Sarvva – Elch

Der Fenriswolf – ein Sternbild aus der Wikingerzeit

der Milchstraße, die unter anderem Jahkemearka genannt wurde, »Jahreszeichen«, weil sie den Wechsel der Jahreszeiten ankündigte. Wenn demnach in Jahkemearka viele Sterngruppen zu sehen sind, wird es den ersten Schnee geben. Die Milchstraße steht im September/Oktober um Mitternacht direkt über uns und zu keiner anderen Zeit des Jahres erscheint der Himmel so reich an Sternen. Im Frühling steht Jahkemearka um Mitternacht im Norden und direkt über uns sieht man nur wenige helle Sternbilder: Die Zeit der großen Sterngruppen ist vorüber und der Sommer nähert sich.

Die Samen wussten, dass Polaris am Himmel im Norden stillzustehen scheint, und sie nannten ihn Boahjenávli; »Nordnagel«. Diesen Namen erhielt der Stern, weil man meinte, er sei ein fester Nagel, um den sich die Sterne drehen, während er den ganzen Himmel oben festhält. Eine Sage erzählt, dass der Weltuntergang kommen wird, wenn der Jäger Fávdna mit seinem Bogen auf Boahjenávli schießt. Dann löst sich der Himmel, fällt herunter und zerschmettert die Erde.

Nicht nur die Menschen orientieren sich nach den Sternen. Wahrscheinlich finden sich auch einige Vogelarten über öden Gebieten zurecht, indem sie sich nach Polaris und anderen Sternen richten.

Die Sterndeutung der Wikinger

Für die Wikinger war der Sternenhimmel die Innenseite der Gehirnschale des Riesen Ymer. Ymer wurde von Odin, dem mächtigsten der Götter, und seinen Brüdern getötet, und aus Ymers Körper entstanden die Erde, das Meer und der Himmel. Odin und seine Brüder machten die Sterne aus Funken eines riesigen Feuers, dem Muspel-Feuer, und setzten die Sonne und den Mond in je einen Wagen, um über den Schädel-Himmel zu fahren. Wir wissen nur von fünf Sternbildern, die die Wikinger mit Namen versahen: Ursa Major, Ursa Minor, Auriga, Taurus und Corona Borealis.

Den Großen Wagen im Ursa major nannten die Wikinger auch »Odins Wagen« und Ursa Minor, den Kleinen Bären, nannten sie »Kvennevagn«, Frauenwagen.

Die Wikinger navigierten wahrscheinlich mit Hilfe des Nordsterns. Hier hat sich der Zeichner ein Wikingerschiff vorgestellt, das von Süden kommend nun zurücksegelt nach Norwegen. Ihr Orientierungspunkt ist der Polarstern (Polaris).

Auriga, das Sternbild Fuhrmann, erinnerte die Wikinger an den letzten großen Kampf der Götter, »Ragnarök«, den Anfang des Weltuntergangs. Warum dieses Sternbild so finstere Gedanken bei ihnen weckte, wissen wir nicht, aber vielleicht hatte es damit zu tun, dass sich Fenriswolf, das gefährlichste Tier in der Mythologie der Wikinger, direkt darunter befand. Die Hyaden bilden den inneren Teil des weit geöffneten Wolfsmauls, und wo die Griechen ein Stierhorn sahen, sahen die Wikinger die Kiefer des Wolfs. Außen am Maul tropft die Milchstraße wie Geifer herunter (Karte Seite 27).

Corona Borealis, die »Nördliche Krone«, hatte von den Wikingern vermutlich den Namen »Aurvandels Zeh« bekommen. Aurvandel war ein mutiger Held, der einen gefährlichen Riesen bezwang. Der Gott Thor schleuderte den erschöpften Helden in einem eisernen Korb nach Süden. Dabei ragte ein Zeh von Aurvandel aus dem Korb und der Zeh erfror. Thor brach ihn ab und warf ihn hinauf zum Himmel, wo er zu dem kleinen, ovalen Sternbild wurde. Die drei Sterne im Gürtel des Orion wurden »Fischerburschen« genannt und dienten den Wikingern im Winter zur Zeitmessung.

Der Sage nach soll Odin den Riesen Tjasse getötet und seine Augen hinauf zum Himmel geworfen haben. Welche Sterne Tjasses Augen sind, ist allerdings unklar, es könnten Castor und Pollux sein oder die beiden Sterne im Kleinen Bären, die am weitesten vom Polarstern (Polaris) entfernt liegen (siehe Karte Seite 20). Die Plejaden hatten vermutlich den Namen »Wildschweinherde«. Das Wildschwein war das heilige Tier der Germanen, einem Volk in Europa, mit dem die Wikinger viel Kontakt hatten. Sie benutzten unter anderem auch die Runenschrift der Germanen.

Die Wikinger müssen gewusst haben, dass der Polarstern die Nordrichtung anzeigt, sonst hätten sie keine so weiten Entdeckungsfahrten machen können, bevor der Kompass von den Chinesen erfunden worden war. Auf der Fahrt nach Amerika hat Leif Eriksson sicher darauf geachtet, den Polarstern immer in Fahrtrichtung rechts von seinem Schiff zu haben, so konnte er Kurs genau nach Westen halten. Auf der Rückfahrt musste der Polarstern links stehen, dann hielt man Kurs nach Osten.

Die Milchstraße wurde auch Helveien, »Weg zum Totenreich«, genannt. Helheim war das Totenreich der Wikinger, dorthin kamen alle, die nicht im Kampf fielen. Die Krieger erhielten einen Platz in Walhall, der Wohnung der Götter.

Der Mond

Bei Vollmond ist der Himmel so hell erleuchtet, dass daneben die Sterne blass und undeutlich werden. Deshalb ist der Mond bei Sternguckern nicht immer gern gesehen. Doch eine Vollmondnacht hat, egal ob auf dem Land oder in der Stadt, ihren ganz besonderen Reiz.

Der Mond ist ein kleiner Himmelskörper aus Stein, der auf einer Bahn um die Erde kreist. Beide wurden wahrscheinlich vor über 4 1/2 Milliarden Jahren geboren. Der Mond hat einen Durchmesser von etwa 3500 km, das ist weniger als ein Drittel des Durchmessers der Erde. Auf ihm gibt es kein Leben, seine Landschaften sind sehr unterschiedlich. Es gibt weite, offene Ebenen, bedeckt mit dunkler Lava, und mehrere tausend Meter hohe Berge und tiefe Täler. Früher nahmen die Astronomen an, diese Ebenen seien Meere, und gaben ihnen phantasievolle Namen.

Besonders typisch für die Landschaft des Monds sind die zahllosen Krater. Die größten haben einen Durchmesser von mehreren hundert Kilometern, die kleinsten sind nur einige Zentimeter groß. Die meisten dieser Mondkrater entstanden, als Felsbrocken aus dem Weltraum (Meteore) vor vier

Das Wort Mond lässt sich auf »mana«, ein altes, nordisches Wort, zurückführen. Auf deutsch heißt es Mond, auf englisch moon und auf samisch Mánnu. Man erkennt deutlich, dass diese Namen miteinander verwandt sind.

Milliarden Jahren auf die Mondoberfläche prallten.

Der Mond ist durchschnittlich 380000 km (etwas über eine Lichtsekunde) von uns entfernt.

Der Vollmond steigt über der Festung Akershus in Oslo auf.

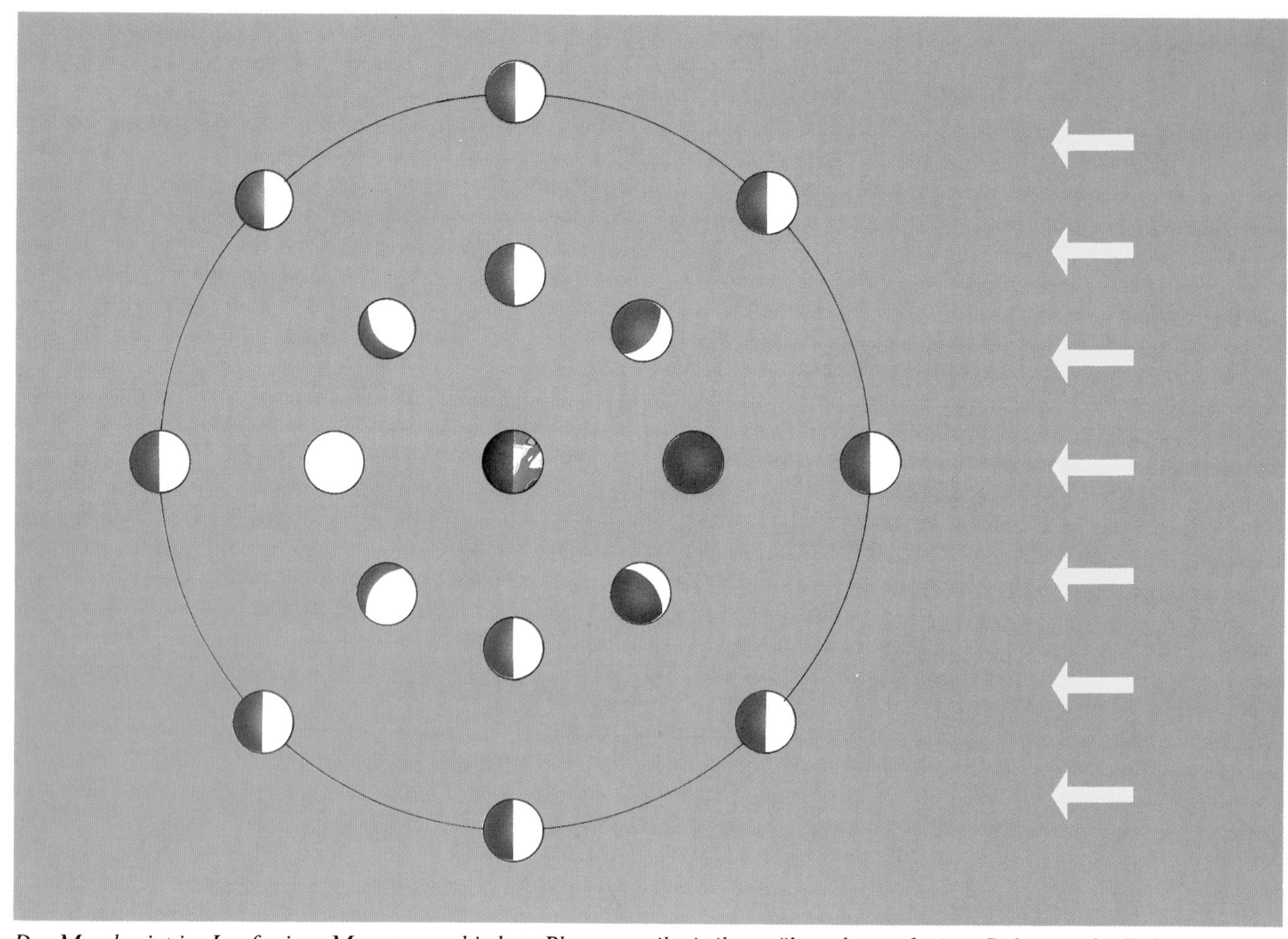

Der Mond zeigt im Laufe eines Monats verschiedene Phasen, weil wir ihn, während er auf seiner Bahn um die Erde kreist, aus verschiedenen Blickwinkeln sehen.

Der Abstand ist nicht überall gleich, weil die Bahn leicht oval ist. Der Mond braucht ungefähr 29 1/2 Tage für seine Reise um die Erde, er bewegt sich also unter den Sternen. Er verändert bei seiner Bewegung um die Erde sein Aussehen, er hat verschiedene Phasen. Die Mondphasen ergeben sich, weil wir den von der Sonne beleuchteten Teil des Monds aus verschiedenen Blickwinkeln sehen, je nach dem, an welcher Stelle seiner Umlaufbahn sich der Mond befindet.

Ein typischer Mond-Umlauf sieht von der Erde aus folgendermaßen aus: Steht der Mond direkt bei der Sonne, so dass wir ihn nicht sehen können, haben wir Neumond. Nach einem Tag hat er sich so weit von der Sonne wegbewegt, dass man ihn direkt nach Sonnenuntergang als eine dünne Sichel im Westen sehen kann, die dem Buchstaben D ähnelt. Innerhalb von sechs Tagen nimmt die Sichel an Dicke zu, bis sie ganz rund ist und um Mitternacht genau im Süden steht, und wir haben Vollmond. Danach nimmt der Mond wieder ab und nach einer weiteren Woche wird er zu einem Halbmond, der spät nachts im Süden zu sehen ist – das ist das letzte Viertel. Fünf bis sechs Tage später ist der Mond eine dünne Sichel, die direkt vor Sonnenaufgang im Osten zu sehen ist und die jetzt dem Buchstaben C ähnelt. Dann nähert sich der Mond wieder so der Sonne, dass man ihn nicht mehr sehen kann. Wenn er der Sonne am nächsten steht, beginnt wieder eine Neumondphase.

Gleich nach Neumond wirst du häufig sehen, dass der dunkle Teil des Monds von einem grauen Schein beleuchtet ist. Man spricht dann vom »aschgrauen Mondlicht«, das ist von der Erde auf den Mond reflektiertes Sonnenlicht. Wie du auf der Abbildung mit den Mondphasen sehen kannst, würde ein Astronaut auf dem Mond bei Neumond den gesamten beleuchteten Teil der Erde sehen. Unser bläulich-weißer Planet muss am kohl-schwarzen Himmel des Monds ein phantastischer Anblick sein.

Der Mond dreht uns immer dieselbe Seite zu, weil er sich genauso schnell um die eigene Achse dreht, wie er sich um die Erde bewegt. Hat also der Mond beispielsweise ein Viertel seiner Bahn um die Erde zurückgelegt, hat er sich auch um ein Viertel um die eigene Achse gedreht. Deshalb war die

Rückseite des Monds lange Zeit unbekannt. Erst seit Raumsonden und Astronauten um den Mond flogen und die Rückseite fotografierten, wissen wir, wie es dort aussieht. Der große Unterschied zwischen den beiden Mondseiten besteht darin, dass es auf der Rückseite keine großen Mondmeere gibt.

Wenn der Mond voll beleuchtet ist, siehst du, dass die helle Oberfläche bedeckt ist von dunkleren Flecken. Das sind die sogenannten Mondmeere. Die Meere bilden eine Art Gesicht mit zwei großen Augen und einem weit offenen Mund, das oft als »Mann im Mond« bezeichnet wird. Das linke Auge im Mondgesicht heißt Mare Serentatis, »Meer der Heiterkeit«, das rechte heißt Mare Imbrium, »Regenmeer«. Der Mund besteht aus dem Mare Nubium, »Wolkenmeer«, und dem Mare Humorum,. »Meer der Feuchtigkeit«. Vielleicht wird dir ein kleiner »Pickel« unter dem Mondmund auffallen. Das ist der Krater Tycho, der als einziger ohne Fernrohr erkennbar ist. Er ist nach dem berühmten dänischen Astronomen Tycho Brahe benannt, der von 1546 bis 1611 lebte, also kurz vor der Erfindung des Fernrohrs. Um Mitternacht steht der Vollmond etwa da, wo die Sonne sechs Monate vorher zur Mittagszeit stand. Deshalb leuchtet der Mond am dunklen Mittwinterhimmel hoch oben, während er um Mittsommer niedrig über dem südlichen Horizont steht.

Die Erde wirft hinter sich einen langen Schatten hinaus ins All. Ein oder mehrere Male pro Jahr gerät der Mond in diesen Schatten und wir haben eine Mondfinsternis. So eine Finsternis ereignet sich immer bei Vollmond und ist ein phantastischer Anblick: Für etwa eine Stunde ist der Mond durch einen dunkleren Bereich verdeckt – den Schatten unseres Planeten. Befindet sich der Mond mitten im Erdschatten, hat er oft eine herrliche, kupferrote Farbe. In einem Sternkalender kannst du nachlesen, wann eine Mondfinsternis ist, außerdem wird ein derartiges Ereignis auch in der Zeitung angekündigt.

Der Vollmond wirkt am Himmel sehr groß, aber wenn du eine Erbse eine Armlänge weghältst,

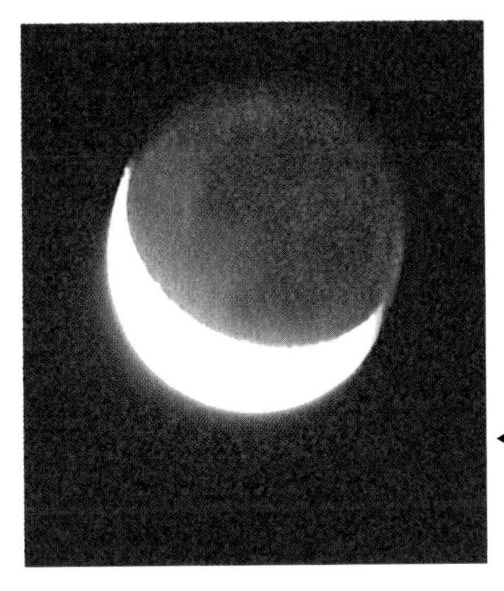

◀ *Aschgraues Licht bei Neumond.*

Auf diesem Foto erkennt man den »Mann im Mond«. ▼

▲ *Eine Mondfinsternis entsteht, wenn der Mond auf seiner Reise um die Erde in den Schatten kommt, den die Erde hinter sich ins All wirft. Mondfinsternisse treffen nur, aber nicht immer bei Vollmond ein.*

◀ *Die schöne orange Farbe, die der Vollmond oft während einer Verfinsterung annimmt, ist auf diesem Bild gut zu erkennen.*

Manchmal sieht man nachts einen hellen Ring um den Mond. Dieser Lichtkreis, auch Halo genannt, wird durch Eiskristalle erzeugt, die in etwa 10 km Entfernung in der Atmosphäre schweben. Oft ist er ein Zeichen dafür, dass bald Wolken aufziehen und das Wetter sich verschlechtert. In seltenen Fällen sieht man sogar mehrere Halos um den Mond.

kannst du damit den Mond verdecken. Wenn er so nahe am Horizont steht wie zum Beispiel im Sommer, wirkt der Mond viel größer als wenn er hoch am Himmel steht. Wenn du ihn jedoch mit einer Erbse abdeckst, merkst du, dass seine Größe sich nicht verändert, es sich also nur um eine Sinnestäuschung handelt. Wenn er dicht über dem Horizont steht, sieht der Mond oval und orangerot aus. Das hängt mit der dichten Atmosphäre zusammen, die die Lichtstrahlen so bricht, dass der Mond etwas flachgedrückt und rötlich aussieht. Sobald der Mond am Himmel höher hinaufsteigt, wird er rund und weiß.

Die Zeiteinheit »Monat« ist etwa so lang, wie der Mond für eine Umkreisung auf seiner Bahn benötigt, und stammt aus einer Zeit, als das Jahr mit Hilfe des Monds berechnet wurde. Auch die Woche hat mit der Mondbahn zu tun: Jede Mondphase, zum Beispiel von Neumond zum ersten Viertel, dauert etwa sieben Tage.

Mondmythologie

Jahrtausende lang ist der Mond als Gott verehrt worden und oft sahen die Menschen in ihm den blassen Verwandten der Sonne. Für die Griechen war er Selene, die Schwester des Sonnengottes Helios. Jeden Abend, wenn Helios den Pferden, die den Sonnenwagen gezogen hatten, Ruhe gönnte, sprang Selene für eine Weile ein und gab der Erde Licht. Selene war sehr schön und der untreue Zeus (Jupiter) stellte auch ihr nach. Bald bekamen sie zu-

Früher glaubte man, dass es Menschen gibt, die bei Vollmond eine andere Gestalt annehmen. Sie konnten zum Beispiel zu gefährlichen Werwölfen werden, einer Art Mischwesen aus Wolf und Mensch, die heute immer noch in modernen Horrorfilmen auftauchen.

sammen drei Töchter. Unsere Vorstellung, den Mond mit Liebe und romantischen Vollmondnächten zu verbinden, geht wahrscheinlich auf die Griechen zurück.

Doch der Mond, und vor allem der Vollmond, hat auch seine unheimlichen Seiten. Sowohl die Wikinger als auch die Samen haben den Mond immer mit einer Mischung aus Angst und Bewunderung betrachtet. Sie waren sehr darauf bedacht den Mond nicht zu verärgern, aus Angst vor seiner Rache. Wie in einer über tausend Jahre alten Wikingersage über die Flecken auf dem Gesicht des Monds: Zwei Kinder waren unterwegs, um Wasser zu holen. Sie trugen den Eimer zwischen sich und auf dem Heimweg blieben sie stehen und schauten hinauf zum Vollmond. Als die Kinder anfingen den Mond zu hänseln, wurde er so böse, dass er herunterstieg und die Kinder samt Eimer mitnahm. Der Sage nach sehen wir sie heute noch als dunkle Flecke auf dem Gesicht des Mondes, zur abschreckenden Warnung. Ein ähnliches Mondmärchen gibt es auch bei den Samen. Weil bei den Samen auch der Name des Monds ähnlich ist wie bei den Wikingern, liegt die Vermutung nahe, dass sich die beiden Völker gegenseitig beeinflusst haben. Die Samen verbanden den Mond auch mit Stallo, einer großen, dummen und bösen Figur, die in vielen samischen Märchen auftaucht und ein bisschen an die norwegischen Trolle erinnert. Zur Weihnachtszeit, wenn er den ganzen Tag sichtbar ist, war der Stallo-Mond besonders leicht zu reizen.

Weit verbreitet war auch die Überzeugung, dass es Menschen gab, die bei Vollmond verrückt wurden. So bedeutet zum Beispiel das englische Wort für geisteskrank, »lunatic«, wörtlich übersetzt mondkrank, nach dem Namen der römischen Mondgöttin Luna. Auch heute noch gibt es viele Menschen, die an eine solche Wirkung des Vollmonds glauben. Amerikanische Forscher etwa untersuchten die Archive der Polizei, um herauszufinden, ob in Vollmondnächten mehr Verbrechen begangen und geisteskranke Menschen in Gewahrsam genommen wurden als sonst. Es stellte sich allerdings heraus, dass diese Nächte sich nicht von anderen unterschieden.

Die Planeten

Eines Nachts wirst du einen hellen Stern am Himmel sehen, der nicht auf der Karte verzeichnet ist. Und wenn du diesen Stern einige Tage genau verfolgst, wirst du feststellen, dass er sich im Vergleich zu den in seiner Nähe befindlichen Sternen bewegt. Was du da siehst, ist kein echter Stern, sondern einer der nächsten Nachbarn der Erde – ein Planet.

Außer der Erde gehören acht weitere Himmelskörper, die auf eigenen Bahnen um die Sonne kreisen, zur Planetenfamilie unserer Sonne, die wir Sonnensystem nennen. Ebenso wie Erde und Mond leuchten die Planeten nicht selbst, sondern reflektieren das Licht der auf sie scheinenden Sonne. Fünf von ihnen sind der Erde so nah, dass sie mit bloßem Auge zu erkennen sind: Merkur, Venus, Mars, Jupiter, Saturn und eventuell auch Uranus. Neptun und Pluto dagegen liegen so weit entfernt, dass man ein Fernrohr braucht, um sie zu sehen.

Alle Planeten sind nach griechischen Göttern benannt und die fünf sichtbaren Planeten erhielten ihre Namen von dem großen griechischen Philosophen Aristoteles, der von 384 bis 322 vor Christus lebte. Auch das Wort »Planet« kommt aus dem Griechischen. Es bedeutet »Wanderer«; denn die Griechen hatten entdeckt, dass die Planeten zwischen den Sternen wandern.

Merkur

Merkur ist ein kleiner Planet ohne Atmosphäre, der dem Mond ähnelt. Von allen Planeten im Sonnensystem ist Merkur derjenige, der der Sonne am nächsten liegt, etwa 58 Millionen Kilometer von ihr entfernt. Deshalb ist seine Oberfläche glühend heiß, fast 400 Grad. Weil sich Merkur sehr schnell am Himmel bewegt, wurde er von den Griechen nach dem geschwinden Götterboten benannt. Ein Naturgesetz über die Bewegungen im Universum besagt, dass sich ein Planet umso schneller bewegt, je näher er einem Stern ist. Entsprechend kurz ist die Zeit, die Merkur braucht, um die Sonne zu umkreisen, nämlich 88 Tage, während Saturn, der von den sichtbaren Planeten am weitesten entfernt liegt, dazu über 29 Jahre braucht.

Auf der Abbildung unten sieht man, dass sich die Bahn des Merkur innerhalb der Erdbahn befindet. Von der Erde aus gesehen wird Merkur deshalb immer in Sonnennähe erscheinen, so dass es schwierig ist ihn zu sehen.

Merkur: Dieses Bild wurde, ebenso wie die anderen Bilder der Planeten, von Raumsonden aufgenommen, die in der Nähe vorbeiflogen.

Die Bahnen von Merkur und Venus liegen innerhalb der Erdbahn. Dadurch erscheinen sie von der Erde aus gesehen immer in Sonnennähe und man kann sie nie mitten in der Nacht sehen.

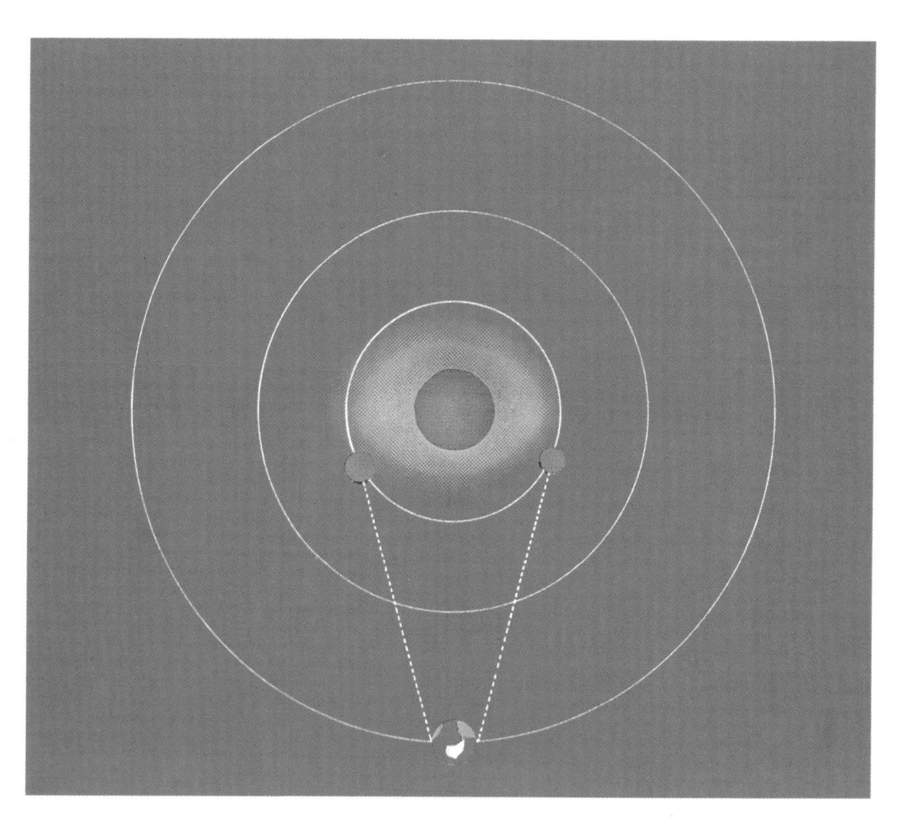

Venus als »Morgenstern«, kurz vor Sonnenaufgang fotografiert. Oben rechts siehst du den Mond.

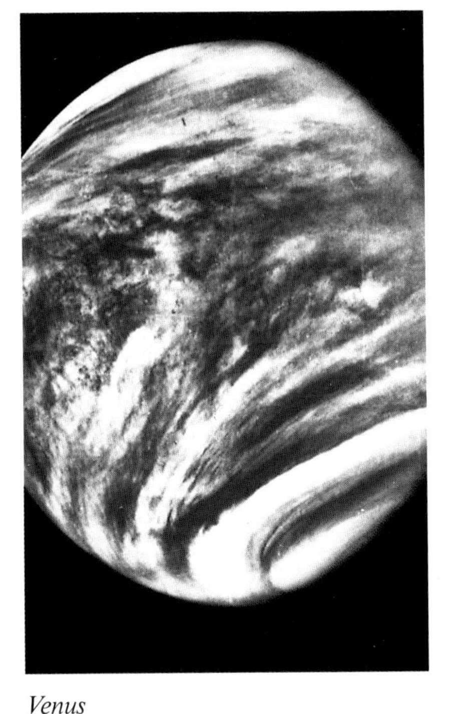

Venus

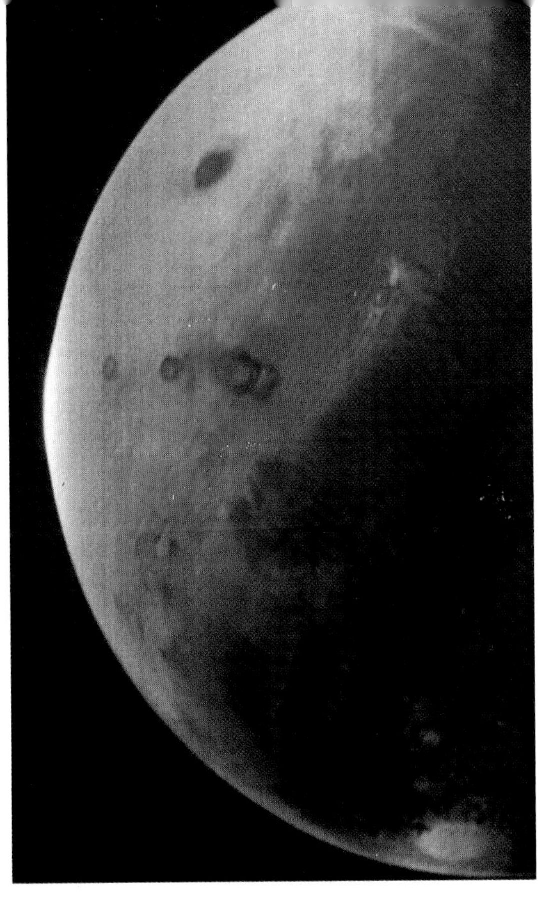

Mars, der Rote Planet

Venus

Venus wird manchmal als »Zwillingsplanet« der Erde bezeichnet, weil er ungefähr gleich groß ist. Doch Venus ist von dichten, weißen Wolken bedeckt, aus denen ätzende Schwefelsäure regnet, und die Temperatur auf der Oberfläche des Planeten beträgt fast 500 Grad! Weil die weißen Wolken den größten Teil des auftreffenden Sonnenlichtes reflektieren und weil sie uns näher kommt als alle anderen Planeten, leuchtet Venus von der Erde aus gesehen heller als alle anderen.

Ebenso wie Merkur bewegt sich auch Venus innerhalb der Erdbahn, in 108 Millionen Kilometer Entfernung von der Sonne, während die Erde 150 Millionen Kilometer von der Sonne entfernt ist. Venus kann man nach Sonnenuntergang im Westen oder vor Sonnenaufgang im Osten sehen, weshalb dieser Planet oft auch Abendstern oder Morgenstern genannt wird. Mit seinem strahlenden weißen Licht ist Venus ein besonders schöner Anblick und das ist sicher ein Grund, warum dieser Planet nach der Liebesgöttin Venus benannt wurde.

Auch den Samen war Venus gut bekannt, sie nannten ihn Guovssonásti, »Dämmerungsstern«. In einigen Abschnitten der Polarnacht, wenn die Sonne selbst unsichtbar ist, kann man ihn im Süden über dem Horizont sehen, und es war für die Samen sicher ein hoffnungsvolles Gefühl, in einer Zeit ohne sichtbare Sonne den Stern zu sehen, »der die Sonne mitbringt«.

Mars

Mars wird oft als »Roter Planet« bezeichnet, weil er mit einem rötlichen Schein am Nachthimmel leuchtet. Die Farbe erinnerte die Griechen an das rote, grimmige Gesicht des Kriegsgottes Mars. Das Rot stammt von dem eisenhaltigen Gestein, das auf der Oberfläche des Mars' zu rotbraunem Rost geworden ist. Da der Planet eine dünne Atmosphäre hat, haben viele Forscher auf dem Mars Leben vermutet. Doch die Raumsonden, die 1976 auf dem Mars gelandet sind, haben keine Anzeichen von Leben gefunden. Allerdings will man in neuester Zeit (1996) Spuren von Leben auf einem Meteoriten, der vom Mars stammen soll, entdeckt haben.

Weil sich Mars außerhalb der Erdbahn bewegt (rund 230 Millionen Kilometer von der Sonne entfernt), kann man ihn oft die ganze Nacht sehen. Erde und Mars bewegen sich mit unterschiedlicher Geschwindigkeit um die Sonne (die Erde ist schneller, da sie ja der Sonne näher ist), der Abstand der beiden Planeten variiert also sehr. Von der Erde aus gesehen leuchtet der Mars mal heller, mal dunkler, je nach dem wie weit er gerade entfernt ist.

Jupiter

Jupiter ist der größte Planet des Sonnensystems. Er wiegt dreimal so viel wie alle anderen Planeten zusammen. Jupiter ist eine gigantische Kugel überwiegend aus Wasserstoffgas. Da Wasserstoff auch der Brennstoff der Sterne ist, würde Jupiter von selbst leuchten, wenn er noch größer wäre. Dann hätten Sonne und Jupiter ein Doppelsternsystem gebildet. Statt dessen ist Jupiter von einem eigenen »Mini-Sonnensystem« umgeben, sechzehn Monden, von denen vier, die sogenannten Galileischen Monde, am bekanntesten sind. Mit dem bloßen Auge sind sie nicht zu erkennen. Jupiter ist zwar fast 800 Millionen Kilometer von der Sonne entfernt, aber er ist so groß, dass er trotzdem am Nachthimmel oft heller strahlt als alle anderen Planeten und Sterne. Das ist sicher auch der Grund, warum Jupiter von den Griechen nach ihrem mächtigsten Gott benannt wurde.

Jupiter

Saturn

Saturn, der nach dem Vater Jupiters benannt wurde, ist der am weitesten entfernte sichtbare Planet. Er ist über 1400 Millionen Kilometer von der Sonne entfernt, und das von Saturn reflektierte Licht braucht über eine Stunde, um uns zu erreichen. Dennoch ist dieser Abstand winzig verglichen mit den Sternen, deren Licht viele Jahre für den Weg zur Erde benötigt. Ebenso wie Jupiter ist Saturn ein riesenhafter Gasplanet. Faszinierend ist er vor allem wegen der auffallenden, breiten, flachen Ringe, die vorwiegend aus Eispartikeln bestehen und ihn in Bahnen umkreisen. Auch Saturn ist von einem System kleiner Monde umgeben, zu deren Beobachtung allerdings ein ziemlich starkes Fernrohr erforderlich ist. Saturn leuchtet zwar schwächer als Jupiter, ist aber heller als die meisten Sterne: Seine Helligkeit liegt zwischen mag. 0 und mag. 1. Bis 1995 befand er sich so weit südlich am Himmel, dass er von Nordeuropa aus schwer zu sehen war. Die Planeten Uranus, Neptun und Pluto können ohne Fernrohr nicht gesehen werden.

Saturn

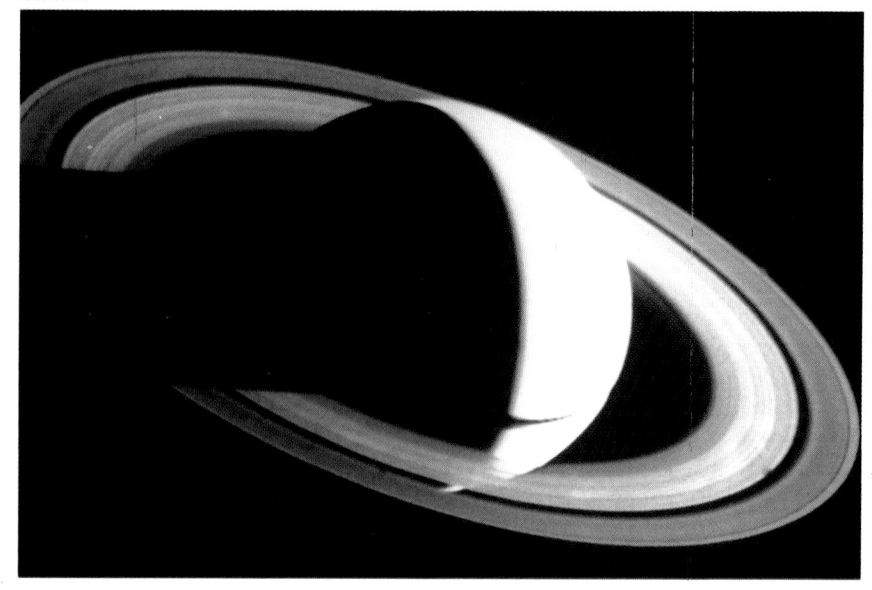

Diese Planeten verändern ihre Stellung am Himmel im Laufe eines Jahres so sehr, dass es wenig hilfreich ist, Tabellen zu erstellen, wo man sie am Himmel finden kann. Ich empfehle dir, in einem Sternkalender nachzuschlagen, in dem Karten über den Standort der Planeten im Laufe des Jahres Auskunft geben. Viele Zeitschriften über Astronomie haben ebenfalls monatliche Übersichten über die Stellung der Planeten am Himmel und einige Zeitungen berichten über die Planeten, wenn sie besonders hell sind. Viele Informationen findest du auch im Internet.

Trotzdem gibt es einige Regeln, die man beachten sollte, wenn man Planeten beobachten will oder wenn man einen »unbekannten« Stern am Himmel sieht.

1. Die Planeten bewegen sich im Verhältnis zu den Sternen. Das erkennt man deutlich, wenn man den Nachthimmel nur wenige Wochen lang beobachtet.
2. Sterne blinken normalerweise, während Planeten gleichmäßig und ruhig leuchten.
3. Ein hell leuchtender Planet, den man nach Sonnenuntergang im Westen und vor Sonnenaufgang im Osten sieht, ist wahrscheinlich die Venus.
4. Wenn man lange nach Sonnenuntergang Richtung Süden einen Planeten sieht, handelt es sich entweder um Jupiter, Saturn oder Mars; sollte er heller leuchten als alle Sterne am Himmel, ist es Jupiter.

Kometen

Ein Komet

Kometen gehören zum Schönsten und Eindrucksvollsten, was man am Nachthimmel beobachten kann. Das faszinierende Schauspiel eines großen Kometen mit langem, leuchtenden Schweif, der sich über den ganzen Himmel zieht, erlebt man im Laufe eines Jahrhunderts vielleicht nur einmal. Im Jahr 1997 soll aller Voraussicht nach der Komet »Hale-Wopp« zu erwarten sein. Näheres über seine Sichtbarkeit wirst du in den Tagesmedien bzw. im Internet erfahren.

Kometen muss man sich als große Kugeln aus schmutzigem Schnee und Eis und von einigen Kilometern Durchmesser vorstellen. Solche Schneebälle kommen von den Rändern des Sonnensystems, jenseits der Planetenbahnen. Wenn sich ein Komet der Sonne nähert, wird seine Oberfläche so erwärmt, dass z.B. der Schnee verdampft und sich eine große Wolke um den »Schneeball« bildet. Diese Wolke reflektiert das Sonnenlicht und ist als heller Nebel am Himmel zu sehen. Der Kern des Kometen ist so klein, dass er selbst mit dem stärksten Fernrohr nur als ein winziger Lichtpunkt erkennbar ist. Ein Teil der Wolke wird durch die starke Sonnenstrahlung vom Kern des Kometen weggedrückt und bildet einen langen, leuchtenden Schweif. Für einige Wochen, solange sich der Komet in Sonnennähe befindet, können wir ihn so am Himmel sehen. Wenn sich der Komet wieder von der Sonne entfernt, löst sich die Wolke um den Kern auf und der Komet wird unsichtbar.

Einige Kometen verschwinden

Die Bezeichnung »Komet« ist von dem lateinischen Wort für »Haar« abgeleitet; die Kometen wurden früher »Haarsterne« genannt.

für immer in der ewigen Dunkelheit des Alls, während sich bei anderen durch die Schwerkraft der Planeten die Bahn verändert und sie in einer ovalen, aber regelmäßigen Bahn um die Sonne laufen, so dass die Astronomen berechnen können, wann ein Komet wieder am Himmel sichtbar wird. Der bekannteste dieser sogenannten periodischen Kometen ist der Halleysche Komet, der sich alle 76 Jahre wieder in Sonnennähe befindet und aufleuchtet. Das letzte Mal zeigte er sich 1985, er wird das nächste Mal also 2061 wieder auftauchen. In Zeitungen und Zeitschriften für Astronomie und im Internet wird bekannt gegeben, wann immer ein großer, schöner Komet zu erwarten ist.

Schon die Griechen, allen voran Aristoteles, hatten sich gefragt, was es mit Kometen auf sich hat, und waren zu dem Ergebnis gekommen, dass sie in der Erdatmosphäre entstehen. Erst im 16. Jh. hat der Astronom Tycho Brahe Gründe dafür angegeben, dass sie sich weit draußen im Weltraum bewegen müssen und dass sie alle weiter von der Erde entfernt sind als der Mond.

Lange Zeit wurden Kometen als schlechtes Omen angesehen und mit Krieg und Tod in Verbindung gebracht. Die Wikinger machten da unter den europäischen Völkern offenbar eine Ausnahme. Denn im Jahre 1066, als der Halleysche Komet am Himmel leuchtete und die Menschen in ganz Europa in Angst und Schrecken versetzte, hisste der norwegische König Harald Hardråde die Segel, um mit einem großen Heer nach England zu fahren und es zu erobern. Sein Heer wurde geschlagen und der König fiel in der Schlacht. Aber auch danach wurde kein unheilverkündender Komet in der Geschichte der Wikinger erwähnt.

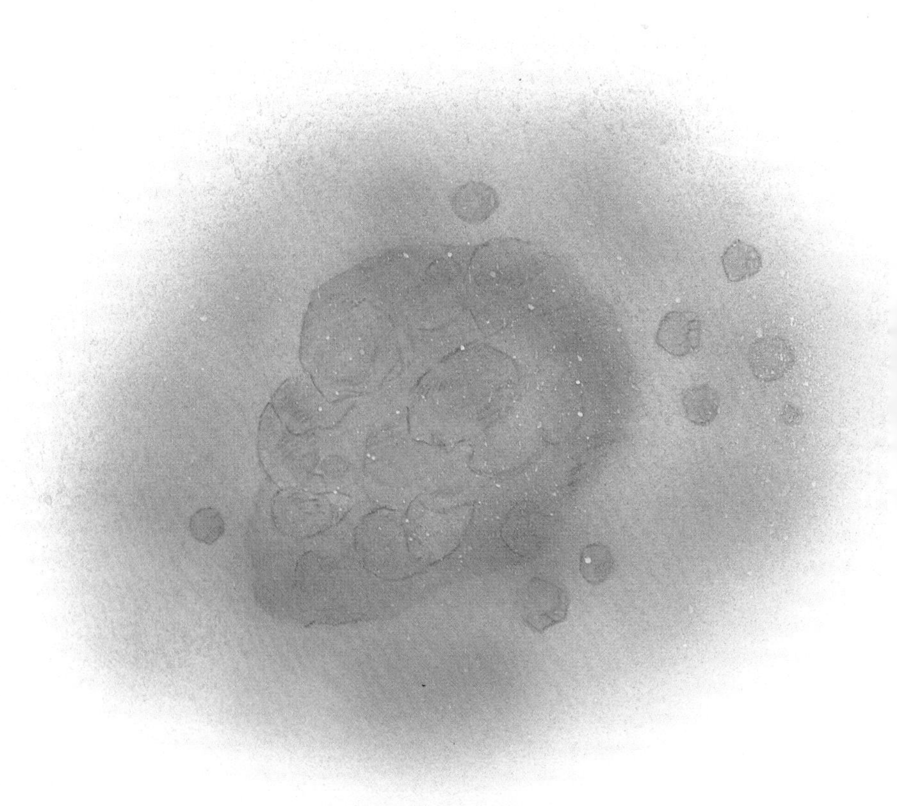

Die meisten Kometen-Kerne haben eine unregelmäßige Form, sind übersät von Spalten und Kratern und mit einem Dunst aus verdampfter Materie an der Oberfläche umgeben, wenn der Kern sich in Sonnennähe befindet. An manchen Stellen steigt der Dampf aus den Ritzen auf.

Dieses Gemälde zeigt den Halleyschen Kometen, wie er 1682 ausgesehen hat. Seitdem hat er uns alle 76 Jahre einen Besuch abgestattet.

Meteore

▲ *Diesen hellen Meteor fotografierte ein norwegischer Amateur-Astronom.*

Dieser Meteorit fiel 1927 bei Trysil in Norwegen herunter und ist im Geologischen Museum in Oslo zu sehen.

Auch wenn Kometen selten am Himmel zu beobachten sind, kann man doch in jeder klaren Nacht ihre Spuren sehen. Denn jedes Mal wenn ein Komet das Sonnensystem passiert hat, hinterlässt er große Mengen von Staub und Gas. Ein Teil dieses »Abfalls«, der um die Sonne kreist, wird von der Erde beim Durchqueren der Staubwolke aufgefangen, und die Partikel gelangen mit hoher Geschwindigkeit, oft mit über 40 km/sek, in unsere Atmosphäre. Sobald die Luft dicht genug ist, also etwa 80 km über dem Boden, fangen die Teilchen aufgrund des Luftwiderstandes zu glühen an und verdampfen in wenigen Sekunden. In dieser kurzen Zeit sind sie als leuchtende Striche, als Meteore oder Sternschnuppen am Himmel sichtbar.

Die meisten Meteore gibt es entlang der Kometenbahnen. Wenn also die Erde eine Kometenbahn kreuzt, kann man besonders viele Meteore sehen – einen Meteorschauer. Dabei scheinen viele Meteore gleichzeitig von einem Punkt (Radiant) am Himmel auszuströmen. Die Tabelle unten gibt eine Übersicht über die Meteorschauer, die man im Laufe eines Jahres beobachten kann. Dafür muss man sich nur entsprechend dem Datum auf der Karte das Sternbild suchen, in dem der Radiant liegt. Wenn man das Sternbild am Himmel gut beobachtet, wird man nach einiger Zeit vielleicht viele kleine Meteore entdecken, und wenn man Glück hat, sieht man auch einige hell strahlende Meteore. Die »Rauchspur«, die sie hinterlassen, ist manchmal mehrere Minuten am Himmel zu sehen. Das sind dann keine Staubkörnchen, sondern richtige Gesteinsbrocken, die so groß sind, dass sie beim Eindringen in die Atmosphäre nicht völlig verbrennen, sondern auf der Erde einschlagen. Solche Meteorsteine nennt man Meteoriten. In vielen Städten gibt es Geologische Museen, in denen man einige davon anschauen kann.

Ein anderer Name für Meteor ist Sternschnuppe, denn früher glaubten die Leute, die leuchtenden Striche am Himmel seien Sterne, die herunterfallen. Auch heute noch sagen viele Leute, dass man sich etwas wünschen muss, wenn man eine Sternschnuppe sieht. Allerdings darf man den Wunsch niemandem verraten.

Einige wichtige Meteorschauer

Sternbild	*Datum*
Bootes	4. Januar
Lyra	22. April
Perseus	12. August
Taurus	8. November
Gemini	14. Dezember

Den größten Meteorschauer gibt es immer um den 12. August.

Nordlicht

Nordlicht oder Polarlicht entsteht, wenn elektrische Teilchen, die von der Sonne ausgeschleudert wurden, in etwa 100 km Höhe in die Erdatmosphäre eindringen. Sobald diese Teilchen mit Luftpartikeln zusammenstoßen, beginnen letztere wie das Gas in einer Neonröhre zu leuchten. Die Farben des Nordlichts entstehen dadurch, dass die verschiedenen Gase in unterschiedlichen Farben leuchten. Grünes Nordlicht wird von Sauerstoff verursacht, rotes entweder von Sauerstoff oder Stickstoff, den häufigsten Gasen in der Luft.

Etwa alle elf Jahre wird die Sonne aktiv und schleudert mehr elektrische Teilchen aus als sonst, so dass man in diesen Zeiten das Nordlicht öfter am Himmel beobachten kann. Die Sonne war 1990 das letzte Mal aktiv – das nächste Mal wird also im Jahr 2001 sein.

Das Nordlicht hat viele verschiedene Formen. Es kann als schwaches, grünes Glühen erscheinen, wie häufig in Südnorwegen, oder es bildet Strahlenbündel, Bogen, Locken und flatternde »Gardinen«. Da das Nordlicht immer in neuen Formen auftritt, ist es jedes Mal wieder ein besonderes Erlebnis. Weil die von der Sonne ausgeschleuderten Partikel ungeheuer schnell sind – sie bewegen sich mit einer Geschwindigkeit von vielen tausend Kilometern in der Sekunde – kann das Nordlicht abrupt Form und Farbe wechseln.

Der wissenschaftliche Name des Nordlichts lautet Aurora Borealis. Aurora ist die römische Göttin der Morgenröte und »Borealis« bedeutet »des Nordens«. Es gibt ein Südlicht über der Antarktis, das Aurora Australis genannt wird.

Leider ist ein Nordlicht-Ausbruch schwer vorauszusagen. Wenn man es wirklich einmal erleben möchte, sollte man auf Nachrichten über besondere Sonnenaktivitäten achten und dann an den folgenden Tagen nach Norden schauen.

In Nordnorwegen ist das Schauspiel des Nordlichts am ganzen Himmel wegen der größeren Nähe zum magnetischen Nordpol nichts Ungewöhnliches, wohnt man aber weiter südlich, muss man schon sehr genau auf verschwommene grünliche Flecken oder Streifen am Himmel achten. Ändern diese Flecken ziemlich schnell ihre Form, kann man sicher sein, dass es sich um Nordlicht handelt.

Selbst die alten Griechen kannten das Nordlicht, obwohl es so weit südlich sehr selten auftritt. Aristoteles beschrieb die Erscheinung einmal als »springende Ziegen«.

Der nordsamische Ausdruck

So phantastisch kann das Nordlicht in Nordnorwegen aussehen.

für Nordlicht ist Guovssahasat, ein Wort, das mit Dämmerung zu tun hat, wie Guovssonásti – Venus. Die Samen fürchteten das Nordlicht. Sie glaubten, es könne Menschen, die darüber spotteten, verschwinden lassen, und es bringe Unheil zu pfeifen, wenn sich das Nordlicht am Himmel zeigte. Die Samen meinten auch, bei einem Nordlicht-Ausbruch Laute zu hören, zum Beispiel ein Summen, Rauschen oder Knistern. Das ist seltsam, denn dort, wo sich das Nordlicht bildet, ist die Luft in der Regel sehr dünn, so dass sich keine Laute fortpflanzen können.

In den Überlieferungen der Wikinger kommt das Nordlicht nicht vor. Das mag daran liegen, dass es zu jener Zeit am leichtesten in Grönland zu sehen war, wo nur wenige Wikinger lebten.

Die Erde wirkt wie ein riesengroßer Magnet. Deshalb zeigt auch eine Kompassnadel immer nach Norden. Die Erde fängt viele elektrische Teilchen von der Sonne auf, die durch das Sonnensystem schwirren. Die magnetischen Kräfte der Erde ziehen diese Teilchen bevorzugt an den polnahen nördlichen und südlichen Gebieten unseres Erdballs an, deshalb sieht man das Nordlicht in Nordnorwegen häufiger als weiter südlich.

Andere Erscheinungen

Außer den Erscheinungen, die am häufigsten am Nachthimmel zu beobachten sind, gibt es dort oben natürlich noch viel mehr zu sehen, sowohl natürliche wie von Menschenhand gemachte Erscheinungen. Darüber könnte man leicht ein Buch von vielen hundert Seiten schreiben, ich möchte deshalb nur einige Beispiele nennen.

In manchen Nächten kann man hoch am Himmel im Norden leuchtende Nachtwolken sehen. Sie können z.B. aus Vulkanasche oder aus Eiskristallen bestehen, die so weit oben in der Atmosphäre schweben, dass sie noch von der Sonne, die sich schon weit unter dem Horizont befindet, beleuchtet werden. Leuchtende Nachtwolken sieht man häufig an Spätsommerabenden.

Der Sonnenuntergang im Westen ist oft ein wunderschöner Anblick. Achte aber auch einmal darauf, was im Osten und Süden geschieht, nachdem die Sonne verschwunden ist. Nach einer halben Stunde wird allmählich ein dunklerer Streifen am Horizont

Der Erdschatten ▶

Leuchtende Nachtwolken über Oslo ▼

aufsteigen. Das ist der Erdschatten, der auf die Atmosphäre der Erde fällt, der gleiche Erdschatten, der bei einer Mondfinsternis den Mond verdunkelt. Man kann diesen Schatten bei seinem Aufsteigen am Himmel lange beobachten.

In dunklen Nächten sieht man oft einen kleinen Stern, der langsam über den Himmel wandert und nach einigen Minuten in der Dunstschicht um den Horizont verschwindet. Das ist einer der vielen tausend Satelliten, die in einer Entfernung zwischen 150 km und 500 km auf ihrer Bahn über der Erde laufen. Heute gibt es so viele davon, dass es für die Astronomen oft schwierig ist, ein Bild des Himmels ohne einen störenden Satelliten zu machen. Von der Erde aus betrachtet, verändern einige Satelliten ihr Aussehen. Das liegt an ihrer Rotation, durch die sie das Sonnenlicht ungleichmäßig reflektieren. Satelliten folgen geraden Bahnen am Himmel, wenn man also einen beweglichen Lichtpunkt sieht, der plötzlich die Richtung ändert, dann ist es ein Linienflugzeug.

Eine Himmelserscheinung, die in den Medien gern behandelt wird, sind die Unbekannten Flugobjekte oder UFOs. Wenn du dich mit Hilfe dieses Buches mit dem Sternenhimmel vertraut gemacht hast, wirst du wahrscheinlich nie ein UFO sehen. UFOs werden oft von Personen beobachtet, die wenig über den Himmel wissen und deshalb Sterne, Planeten, Nordlichter, Satelliten, Flugzeuge, Hubschrauber, Wetterballone, Vogelschwärme und vieles andere für Besucher aus dem All halten.

Die Astronomen haben bisher vergeblich nach Leben im Universum gesucht und die Existenz von UFOs ist nie bewiesen worden. Trotzdem finden viele die Vorstellung von merkwürdigen Wesen auf fernen Planeten so spannend und faszinierend, dass sie zum Thema vieler Romane und Filme geworden sind. Selbst Wissenschaftler glauben immer mal wieder, dass sie nahe daran sind, anderes Leben, z.B. auf dem Mars, zu entdecken. Erwiesen ist davon bislang noch nichts – was uns bleibt, ist der Sternenhimmel und sein faszinierendes Schauspiel.

Aktuelle Informationen findest du u.a. in:

PAUL AHNERT, Ahnerts Kalender für Sternfreunde – Kleines astronomisches Jahrbuch, erscheint jedes Jahr neu im J. Barth Verlag

PAUL AHNERT, Astronomisch-chronologische Tafeln für Sonne, Mond und Planeten, erscheint im J. Barth Verlag

HANS U. KELLER, Das Kosmos Himmelsjahr, erscheint jedes Jahr neu im Franckh Kosmos Verlag

Informationen im Internet:
z.B.: Die neuesten Nachrichten der Sky Publishing Company in Massachusetts unter httt:\\www.sky pub.com

Vielleicht hast du einmal die Gelegenheit ein Planetarium zu besuchen oder es gibt sogar eins in deiner Nähe, wo häufig Vorträge, Ausstellungen und andere Informationsveranstaltungen angeboten werden.

Register

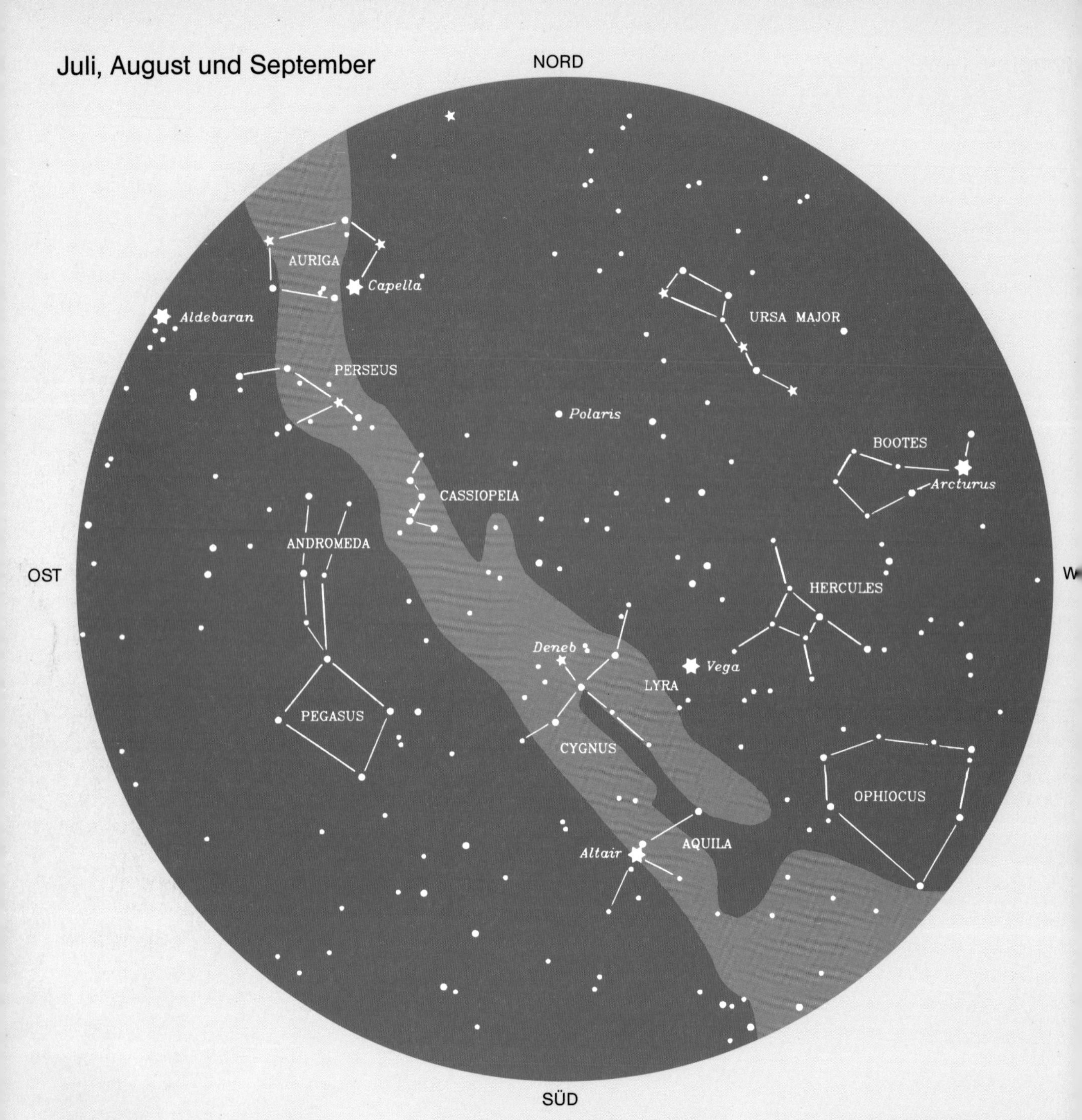

Der Sternenhimmel im Juli, August und September

Der Spätsommer ist eine wunderbare Zeit, um die Sterne zu betrachten. Der Himmel ist übersät mit Sternbildern und direkt über dir liegt das bleiche Band der Milchstraße. Mitten in der Milchstraße schwebt Cygnus, der Schwan. Unter Cygnus fliegt Aquila, der Adler, und östlich davon sieht man ein weiteres fliegendes Tier, das sagenhafte Pferd Pegasus. Die drei Sterne Deneb im Bild Cygnus, Vega im Bild Lyra und Altair im Bild Aquila bilden das Sommerdreieck. Die großen, schwachen Sternbilder Hercules und Ophiocus, den Schlangenträger, sieht man westlich von Cygnus.

Tief im Norden sieht man Ursa Major, Großer Bär, gefolgt von Bootes, dem Bärenhüter. Zwischen Auriga, dem Fuhrmann, und Cygnus sieht man Perseus und Cassiopeia. Sie gehören beide zur Sage um Andromeda, die östlich von Cassiopeia steht.

Der Sternenhimmel im Oktober, November und Dezember

Im Spätherbst ist es anstrengend, Sternengucker zu sein. Nachts ist es kalt und an vielen Stellen liegt Schnee.